Elke Mirwald
Bianca Nitsch
Roland Rink

Freiarbeitsmaterial

Mathematikarbeitsblätter

zum Legen, Malen und Schreiben

3./4. Klasse

Mathematiklernen kreativ fördern

Cornelsen

Die Autorinnen, der Autor:

Dr. Elke Mirwald ist Diplompädagogin für Mathematik-Methodik und war als Lehrkraft für besondere Aufgaben an der Humboldt-Universität zu Berlin im Lernbereich Mathematik tätig.
Bianca Nitsch ist Grundschullehrerin und Referentin für Lehrerfortbildungen in Berlin.
Dr. Roland Rink ist Grundschullehrer für die Fächer Mathematik, Sport und ev. Religion. Nach einigen Jahren der Berufspraxis an Grundschulen ist er nun als wissenschaftlicher Mitarbeiter an der Universität Bremen in der Lehrerausbildung und -fortbildung im Fach Mathematik tätig.

Projektleitung: Maren Krüger, Berlin
Redaktion: Daniela Brunner, Korschenbroich
Umschlagkonzept/-gestaltung: Corinna Babylon/Jule Kienecker, Berlin
Umschlagillustrationen: Shutterstock.com/icon0.com
Hintergrundstruktur Umschlag und Innenteil: Shutterstock.com/Art Stocker
Layout: fotosatz griesheim, Griesheim
Technische Umsetzung: Straive, Chennai

www.cornelsen.de

1. Auflage 2024

Druck: Athesiadruck GmbH

ISBN 978-3-589-16871-2

PEFC
PEFC/18-31-166
PEFC-zertifiziert
Dieses Produkt stammt aus nachhaltig bewirtschafteten Wäldern und kontrollierten Quellen
www.pefc.de

Inhaltsverzeichnis

Inhaltsverzeichnis

HINWEIS WEBCODE

Auf Seite 6 in diesem Buch wird auf einen Webcode verwiesen. Sie können darüber Zusatzmaterialien aus dem Internet herunterladen.

www.cornelsen.de/codes

Code: defefi

Liebe Kolleginnen und Kollegen,

mit dieser Sammlung Kopiervorlagen wollen wir Ihnen einen praktischen und fachlich fundierten Helfer für den Schulalltag mit an die Hand geben. Sie finden hier Kopiervorlagen mit reichhaltigen Aufgaben zum Entdecken und Üben für die folgenden Inhaltsbereiche der Grundschulmathematik in den Klassen 3 und 4:

- Zahlen und Operationen,
- Größen und Messen,
- Sachrechnen,
- Raum und Form und
- Kombinatorik, Wahrscheinlichkeit und Daten.

Mit Kopiervorlagen für Legematerialien und ausreichend Platz und Gelegenheit für die Anfertigung von Zeichnungen und Skizzen können sich Ihre Schülerinnen und Schüler auf sehr anschauliche und greifbare Art und Weise mit der Mathematik auseinandersetzen. Die Kopiervorlagen zu den Größen geben zudem Impulse zum Experimentieren mit Längen, Zeitspannen, Gewichten und Volumen.

Den unterschiedlichen Leistungsniveaus Ihrer Lerngruppe werden Sie mit dem Material gerecht, weil besonders die lernschwachen Schülerinnen und Schüler einen großen Teil der Aufgaben auf der handelnden oder bildlichen Ebene bearbeiten und lösen können. Die Legekarten können in einem selbstgebastelten Umschlag aufbewahrt werden (KV 5).

Die Kopiervorlagen zu Beginn des Buches haben zudem auch eine diagnostische Funktion, über die die Lernstände der Schülerinnen und Schüler erfasst werden können. Die Analyse ermöglicht es, besondere Vorgehensweisen, aber auch verfestigte Fehlvorstellungen aufzudecken und somit angemessen auf Schülerlösungen einzugehen und die Kinder (wie in vielen Lehrplänen gefordert) gemäß ihren individuellen Voraussetzungen fördern und fordern zu können. Ebenso finden Sie Aufgaben, die das Verwenden der mathematischen Fachsprache fördern.

Die Kopiervorlagen sind flexibel nutzbar und eignen sich für den Einsatz im regulären Fachunterricht zur Ergänzung und Vertiefung der Lehrinhalte, im Wochenplan oder der Stationsarbeit, als Hausaufgaben, aber auch in Förder-, Forder- und Vertretungsstunden.

So können Sie mit dem Buch arbeiten:

- Die Seiten 12 bis 16 enthalten kurze Lernstandsanalysen. Diese ersetzen zwar keine fundierte Diagnostik, können aber einen ersten Hinweis geben, ob bei einzelnen Schülerinnen und Schülern Schwierigkeiten vorliegen.
- Am unteren Ende der Seite sind die Kompetenzbereiche aufgeführt, die mit dieser Lernstandsanalyse angesprochen werden. Hat ein Schüler oder eine Schülerin hier Auffälligkeiten gezeigt, können Sie die entsprechenden Kopiervorlagen zur Förderung einsetzen. Für manche Aufgaben ist ein wenig Materialeinsatz notwendig. Neben Bleistift und Buntstiften sind auch ggf. Klebstoff, Klebeband, Schere und Ähnliches notwendig. Was die Kinder aber jeweils konkret benötigen, ist auf der jeweiligen Kopiervorlage aufgeführt.

Wir hoffen sehr, dass Sie und Ihre Schülerinnen und Schüler Gefallen an unseren Materialien finden und sie mit Freude und Motivation die Mathematik bastelnd, malend, schreibend erleben.

Mit kollegialen Grüßen

Elke Mirwald
Bianca Nitsch
Roland Rink

Faltanleitung Merkhefte, Mathematik-Pass

Hinweis: Die Merkhefte und den Mathematik-Pass können Sie unter dem *Webcode defefi* herunterladen (siehe auch S. 4).

Schritt 1

Lege das Blatt im Querformat vor dich hin.

Falte es nun einmal längs in der Mitte.
Lege genau Kante auf Kante, damit du exakt faltest.

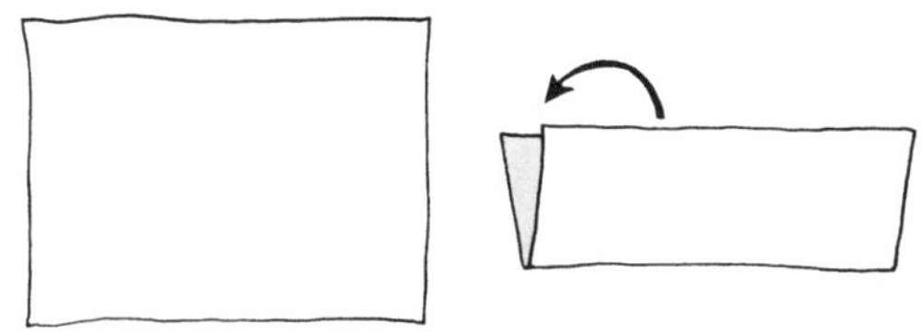

Schritt 2

Falte das Blatt wieder auf.
Lege es nun im Hochformat vor dich hin.

Falte es nun einmal in der Mitte.
Lege genau Kante auf Kante, damit du exakt faltest.
Jetzt hast du ein gefaltetes Blatt im Format DIN A5.

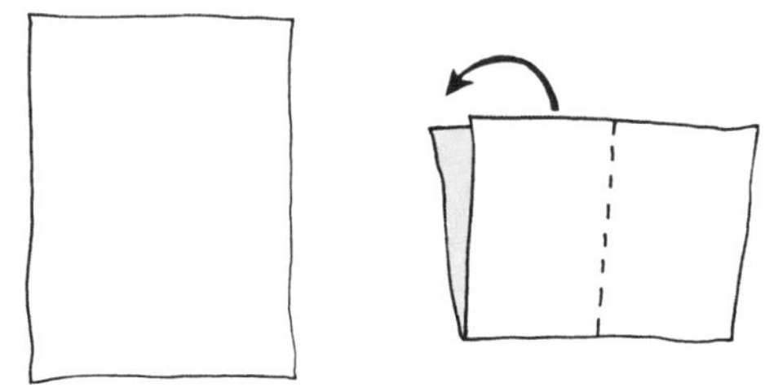

Schritt 3

Falte das Blatt nun im „Zick-Zack“.

Danach faltest du es wieder auf und
hast wieder das gefaltete Blatt im Format DIN A5.

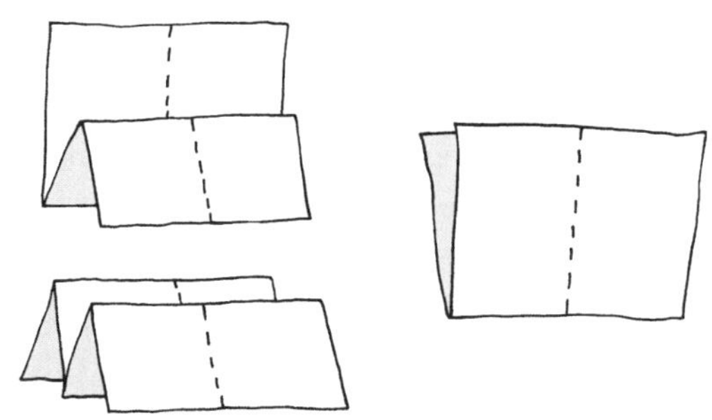

Schritt 4

Schneide nun das Blatt mit der Schere
auf der mittleren Faltlinie bis zur Querfalte ein.

Wenn du nun das Blatt wieder auffaltest, siehst du
die acht kleinen Seiten und einen Schnitt in der Mitte.

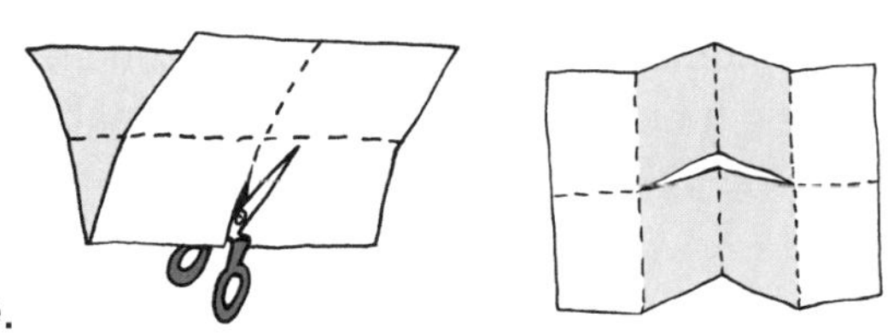

Schritt 5

Falte nun das Blatt wieder längs in der Mitte.
Schiebe die Seiten zu einem Stern zusammen.

Wenn du das Buch nun ordentlich zusammenfaltest,
ist dein Faltbuch fertig.

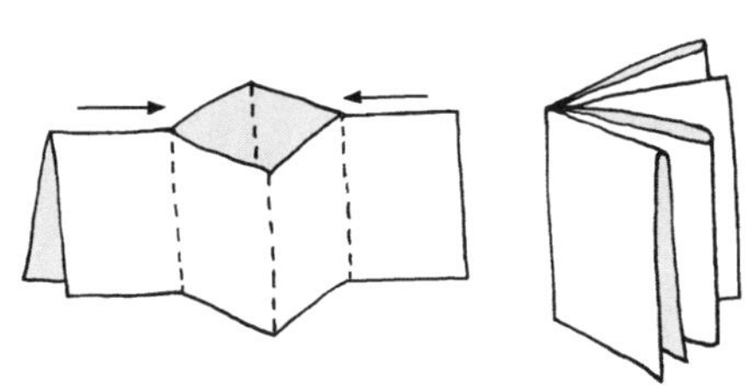

E. Mirwald/B. Nitsch/R. Rink • Mathematikarbeitsblätter 3/4. Klasse | Illustrationen: Dorina Tessmann

Legematerialien zum Rechnen 1

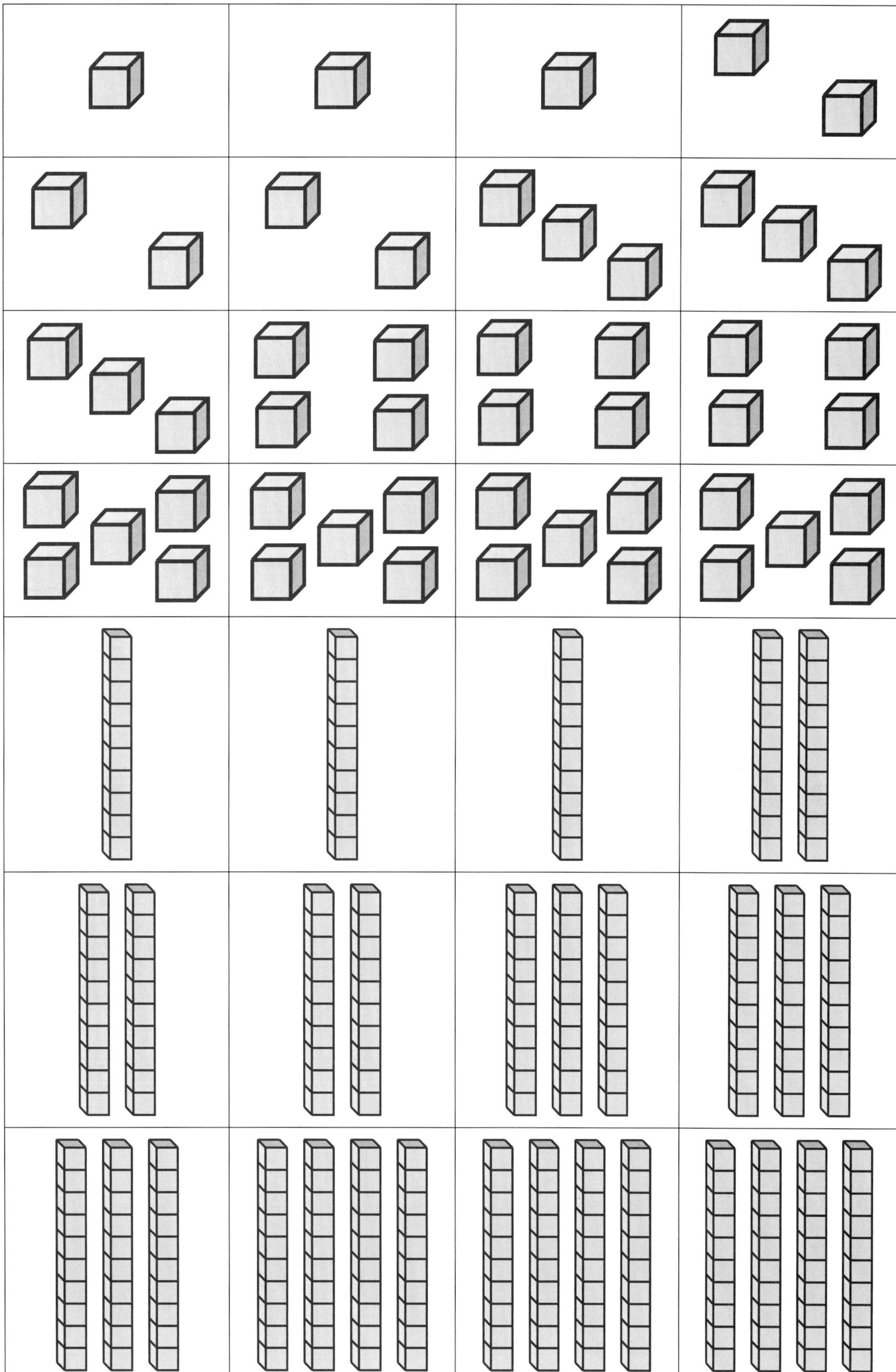

E. Mirwald/B. Nitsch/R. Rink • Mathematikarbeitsblätter 3./4. Klasse | Illustrationen: Yo Rühmer

Legematerialien zum Rechnen 2

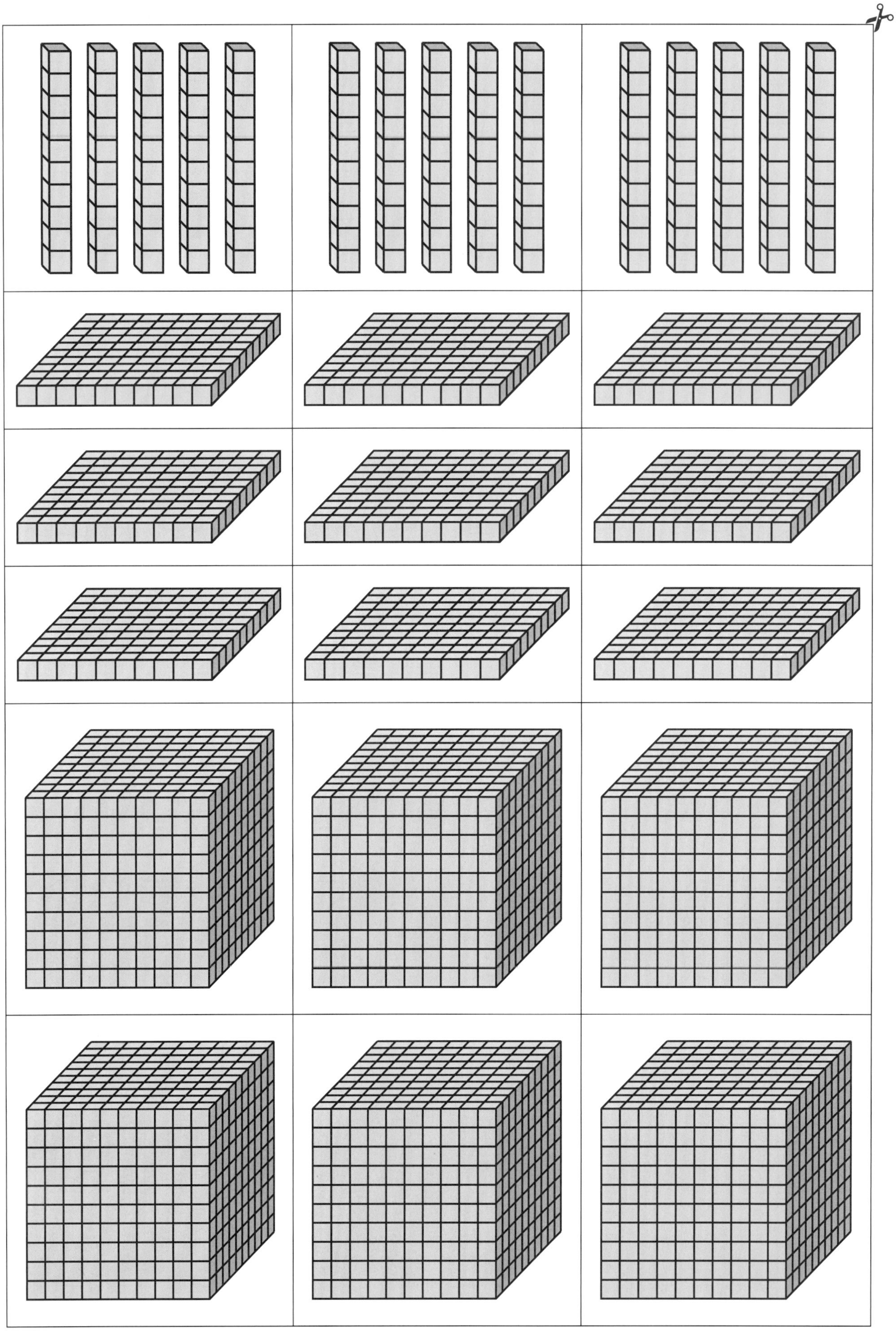

E. Mirwald/B. Nitsch/R. Rink • Mathematikarbeitsblätter 3./4. Klasse | Illustrationen: Yo Rühmer

Legematerialien zur Geometrie: Flächen

Name: ______________________________

1. Schneide die Karten aus.
2. Ordne die Begriffskarten und Abbildungskarten einander zu.
3. Für Geometrie-Profis: Einige Begriffe kannst du mehreren Abbildungen zuordnen.
   Wie viele Zuordnungen findest du?

Quadrat	**Rechteck**	**Kreis**
Trapez	**Parallelogramm**	**Raute**
Drachenviereck	**Dreieck**	**Viereck**

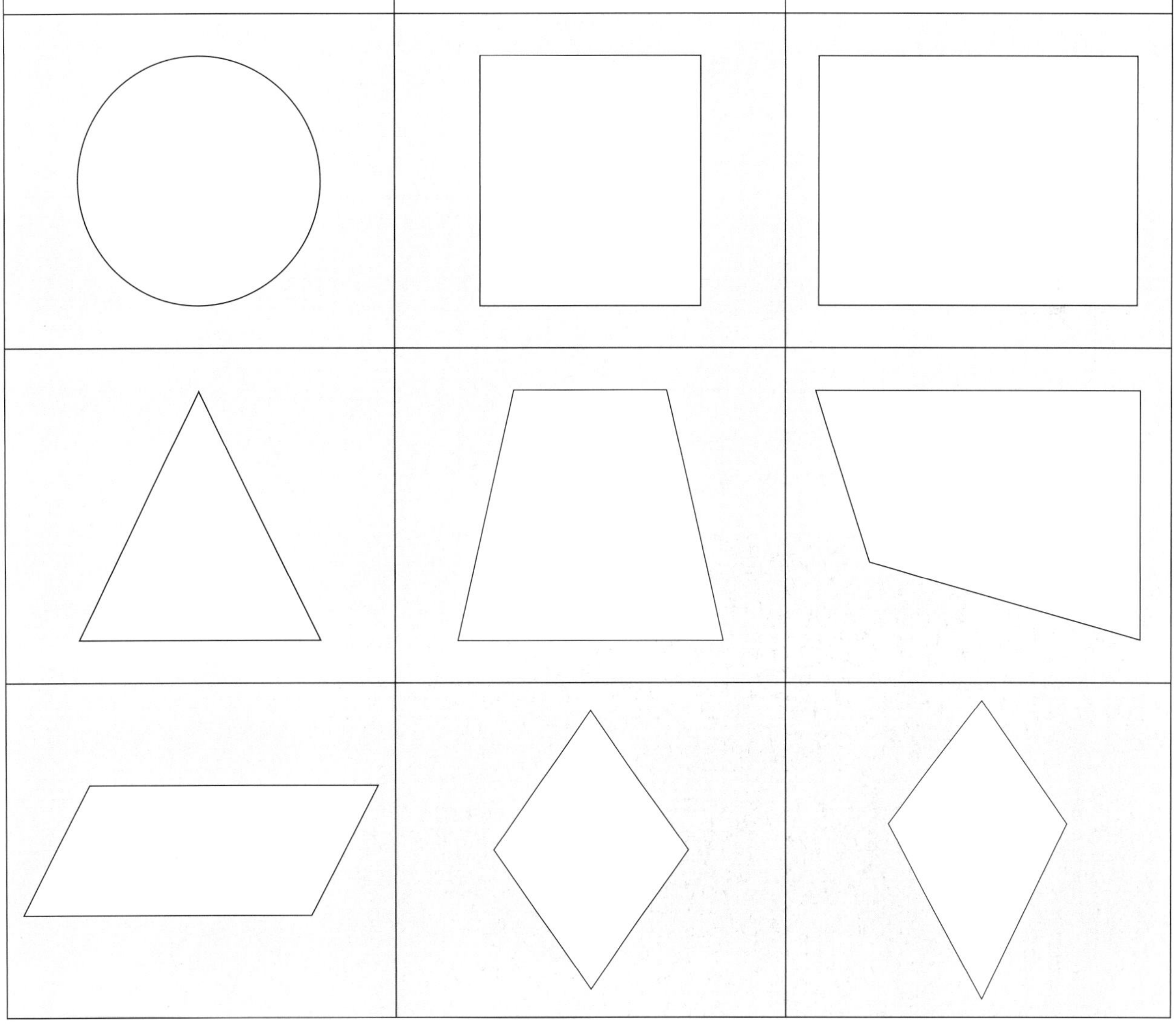

KV 4

Legematerialien zur Geometrie: Körper

Name: ______________________________

1. Schneide die Karten aus.
2. Ordne die Begriffs-, Rätsel- und Abbildungskarten einander zu.

Quader	**Würfel**	**Kugel**
Zylinder	**Kegel**	**Pyramide**
• 6 quadratische Flächen • 12 Kanten • 8 Ecken	• 6 rechteckige Flächen • 12 Kanten • 8 Ecken	• 2 kreisförmige Flächen • eine rechteckige Fläche • 2 Kanten • keine Ecke
• eine kreisförmige Grundfläche • eine weitere Fläche • eine Kante • eine Ecke	• 4 dreieckige Flächen • eine viereckige Fläche • 8 Kanten • 5 Ecken	• eine gekrümmte Fläche • keine Kante • keine Ecke
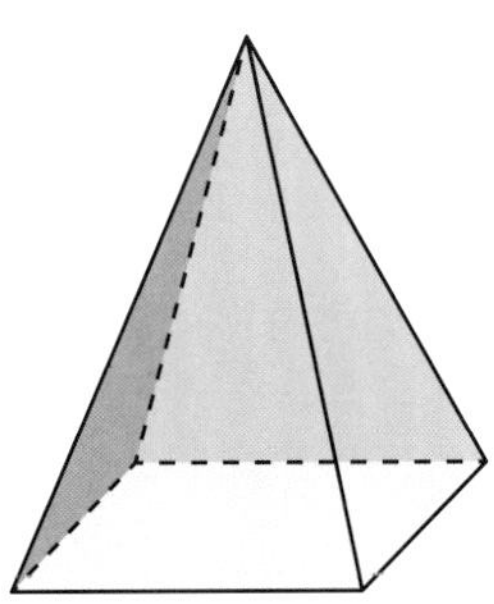	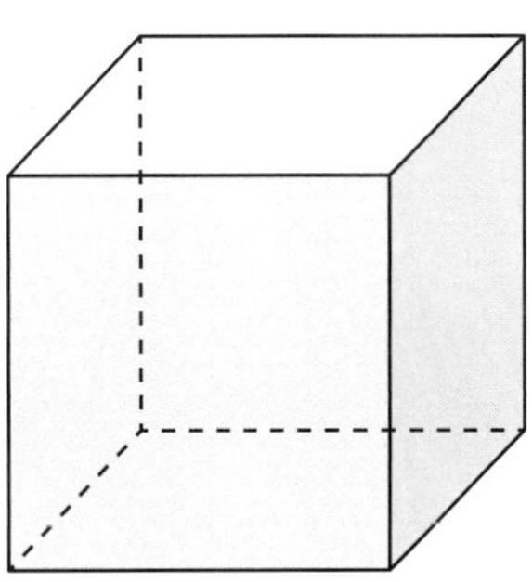	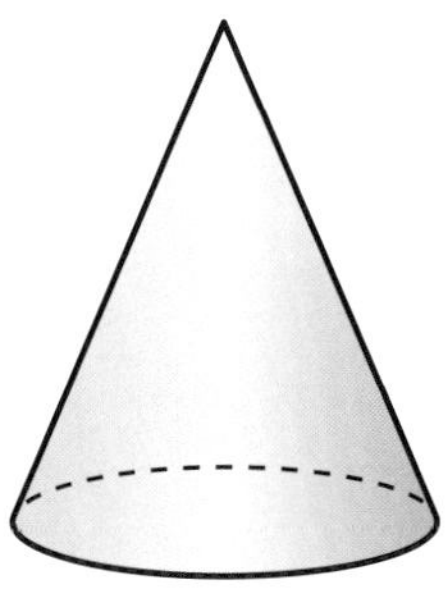
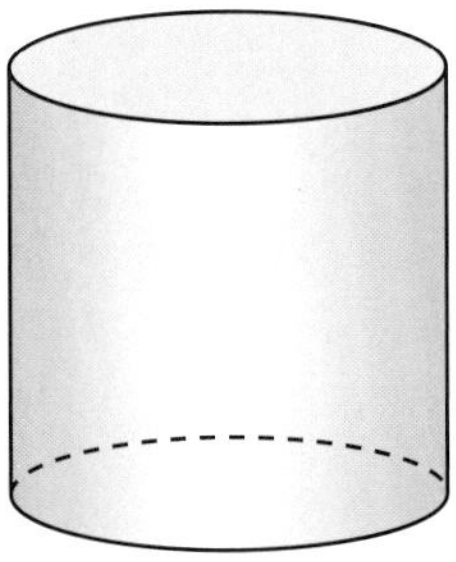	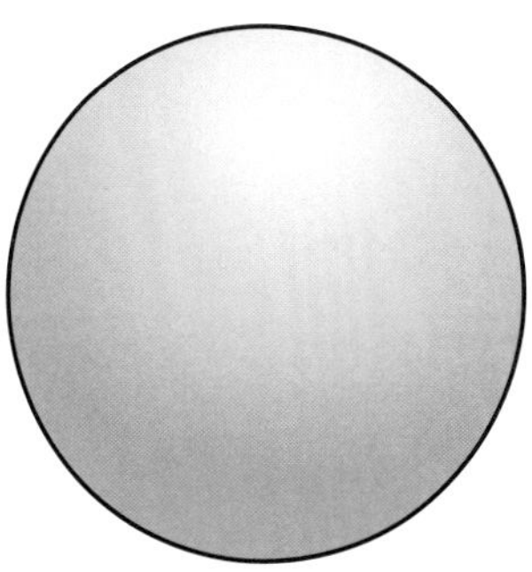	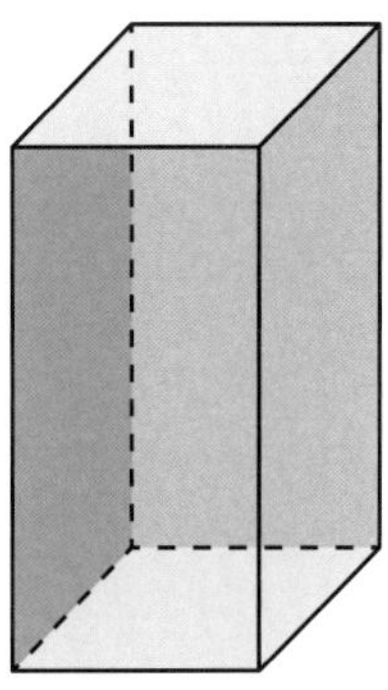

E. Mirwald/B. Nitsch/R. Rink • Mathematikarbeitsblätter 3./4. Klasse | Illustrationen: Christian Böhning

Bastelbogen: Briefumschlag für Legematerialien

Name: ______________________________

1. Schneide den Umschlag an der durchgezogenen Linie aus.
2. Falte ihn an der gestrichelten Linie nach hinten.
3. Klebe den Umschlag auf der Rückseite mit deinem Klebestift oder Klebeband zusammen.

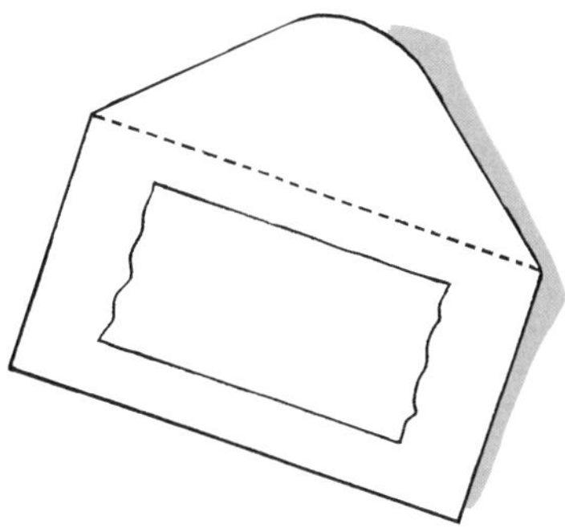

Vorderseite

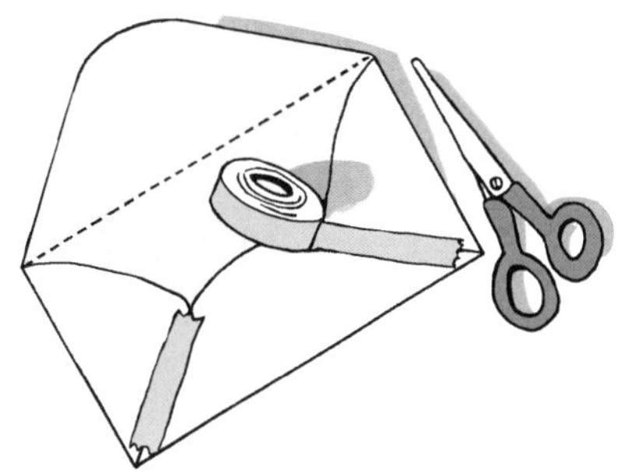

Rückseite

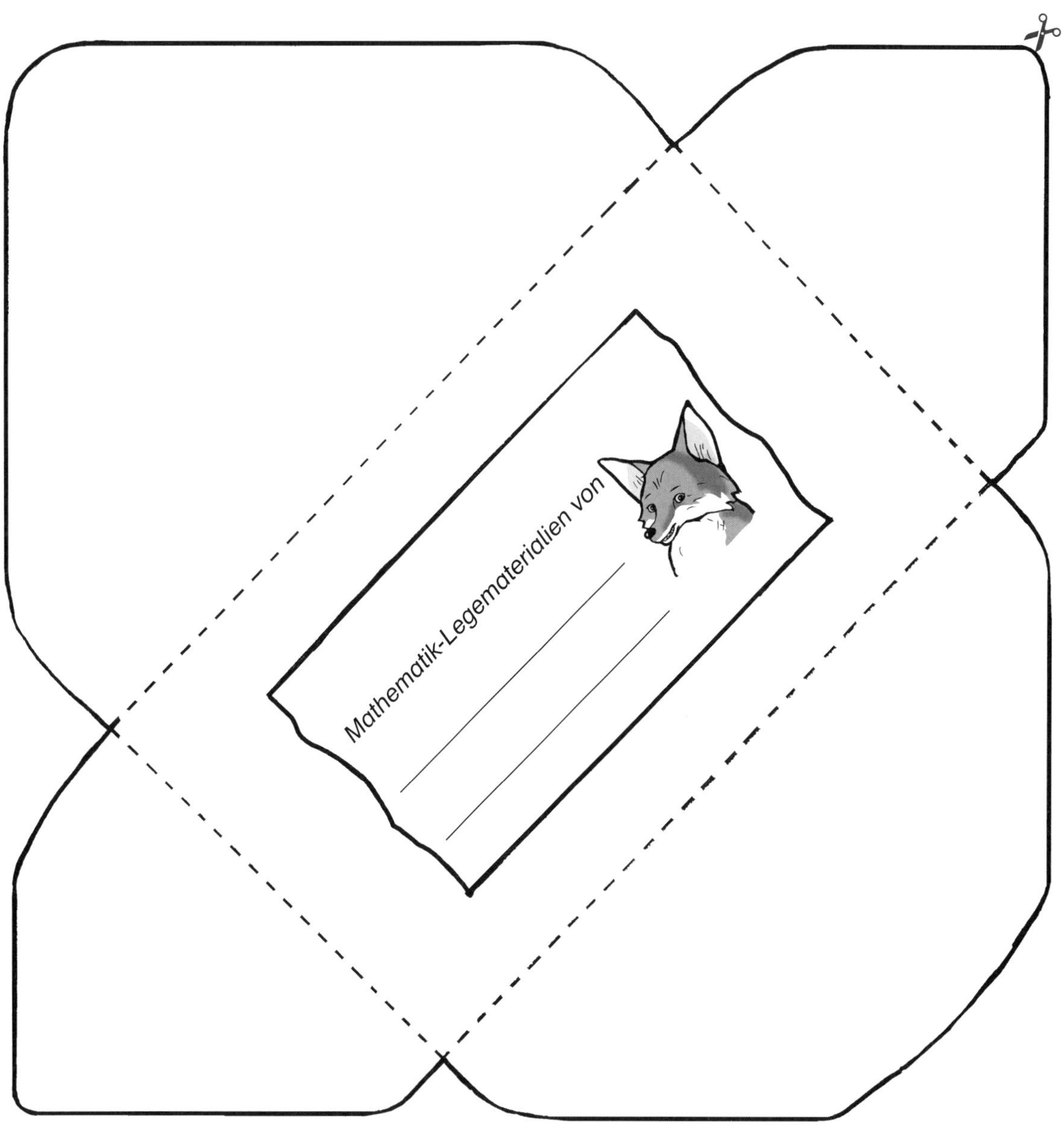

E. Mirwald/B. Nitsch/R. Rink • Mathematikarbeitsblätter 3./4. Klasse | Illustrationen: Dorina Tessmann

Was weiß ich schon? – Zahlen und Rechenoperationen

Name: ______________________________

1. Schreibe die passenden Zahlen.

a) Bündle immer fünf.

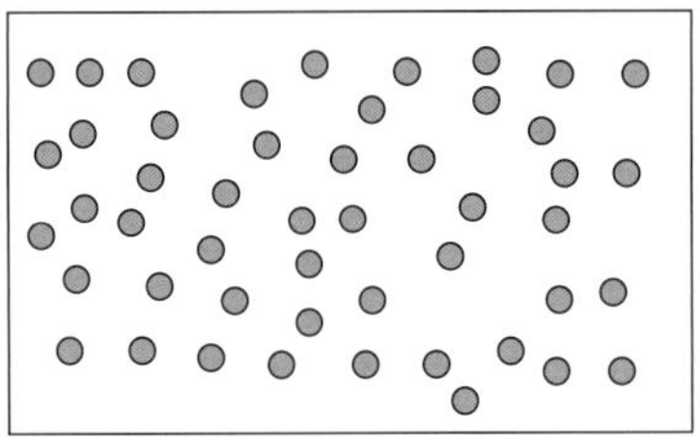

____

b) Trage dein Bündelungsergebnis in die Tabelle ein.

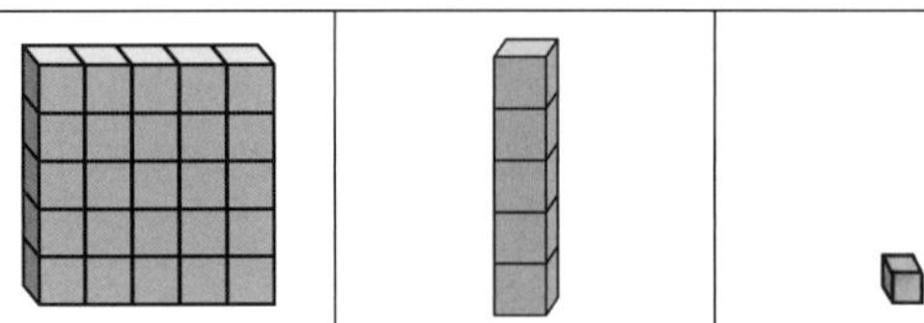

25	5	1

2. a) Wie heißt die Zahl? Schreibe sie auf.

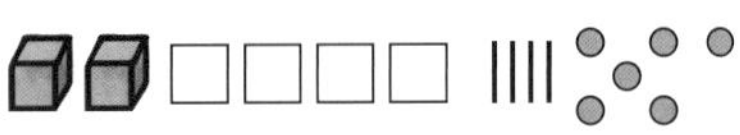

____

b) Male ein Bild zu 239.

____

3. Ergänze.

Vorgänger	Zahl	Nachfolger
	300	
1 999		2001
	100000	

4. Ordne. Beginne mit der kleinsten Zahl.

704, 9316, 931, 54845, 10000

____

____

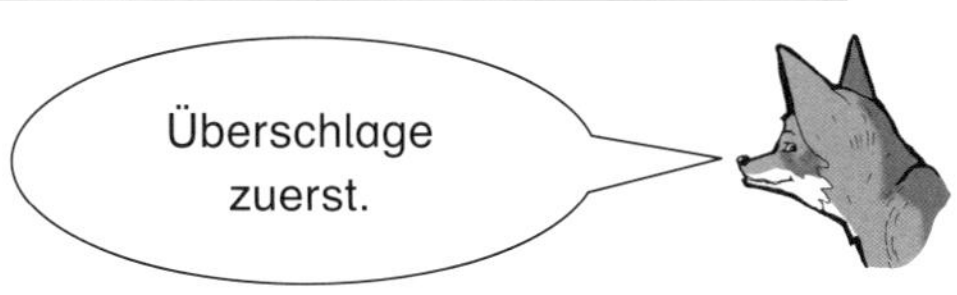

5. Rechne mündlich oder schriftlich.

a) 625 + 384 b) 1602 – 1599 c) 296 · 3 d) 888 : 3

6. Runde …

a) auf volle Zehner.

567 ≈ ________

713 ≈ ________

475 ≈ ________

b) auf volle Hunderter.

567 ≈ ________

713 ≈ ________

475 ≈ ________

c) auf volle Tausender.

7567 ≈ ________

26314 ≈ ________

314800 ≈ ________

Auswertung: 1. Zahldarstellungen ❍ 2. Zahlbeziehungen ❍ 3. Rechenoperationen verstehen und beherrschen ❍

E. Mirwald/B. Nitsch/R. Rink • Mathematikarbeitsblätter 3/4. Klasse | Illustrationen: Yo Rühmer: Einerwürfel, 25er-Platte; Evely Scherber: Fünferstange; Dorina Tessmann: Fuchs

Was weiß ich schon? – Größen und Messen

Name: ______________________________

1. Ist das ein Messgerät für das Gewicht oder den Rauminhalt? Kreuze an.

					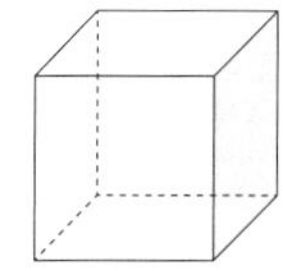
❍ Gewicht	❍ Gewicht	❍ Gewicht	❍ Gewicht	❍ Gewicht	❍ Gewicht
❍ Rauminhalt	❍ Rauminhalt	❍ Rauminhalt	❍ Rauminhalt	❍ Rauminhalt	❍ Rauminhalt

2. Kreuze Wörter für das Gewicht oder den Rauminhalt an.

Sekunde	Liter	Kilogramm	Gramm	Milliliter	Tonne
❍ Gewicht	❍ Gewicht	❍ Gewicht	❍ Gewicht	❍ Gewicht	❍ Gewicht
❍ Rauminhalt	❍ Rauminhalt	❍ Rauminhalt	❍ Rauminhalt	❍ Rauminhalt	❍ Rauminhalt

3. Welches Paket ist schwerer? Kreuze an.

4. Male die angegebene Wassermenge im Messbecher an.

$\frac{1}{2}$ l

$\frac{1}{4}$ l

$\frac{3}{4}$ l

1 l

5. Verbinde, was zusammengehört.

1 l	10 l	4 kg	1 kg	250 g	180 l

Auswertung: 1. Messgeräte kennen ❍ 2. Bezeichnungen der Einheiten kennen ❍ 3. Messen ❍ 4. Größenvorstellungen ❍

E. Mirwald/B. Nitsch/R. Rink • Mathematikarbeitsblätter 3./4. Klasse | Illustrationen: Dorina Tessmann, außer: Tornister, Badewanne, Messbecher: Kristina Klotz; Waagen: Stefan Giertzsch; Würfel: Christian Böhning;
Fotos: Maßband: stock.adobe.com/manfredxy, Tafelwaage: stock.adobe.com/stockphoto-graf, Messbecher: stock.adobe.com/womue, Uhr: stock.adobe.com/womue, Küchenwaage: stock.adobe.com/Rokfeler

Was weiß ich schon? – Geometrie

Name: ____________________

1. Welche Figuren entstehen, wenn du die Punkte im Kopf verbindest?
   Notiere die Namen der geometrischen Figuren.

X **A**   X **B**   X **C**

X **D**   X **E**   X **F**

a) ADEA ____________________

b) BDEB ____________________

c) BCFEB ____________________

d) ABCFEDA ____________________

2. Verbinde die Wörter mit den passenden Bildern.

a)

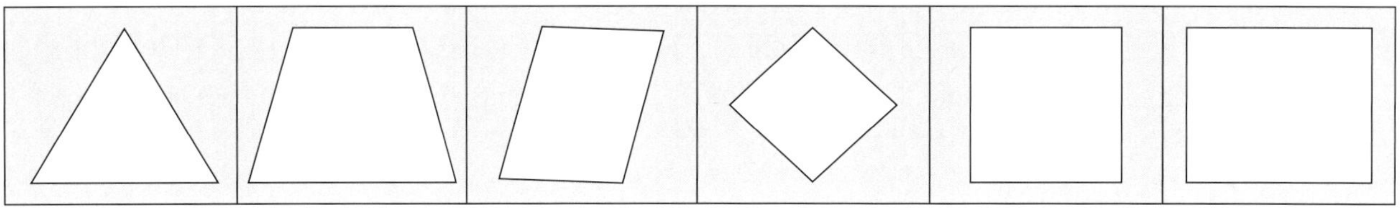

Parallelogramm | Rechteck | Dreieck | Trapez | Raute | Quadrat

b)

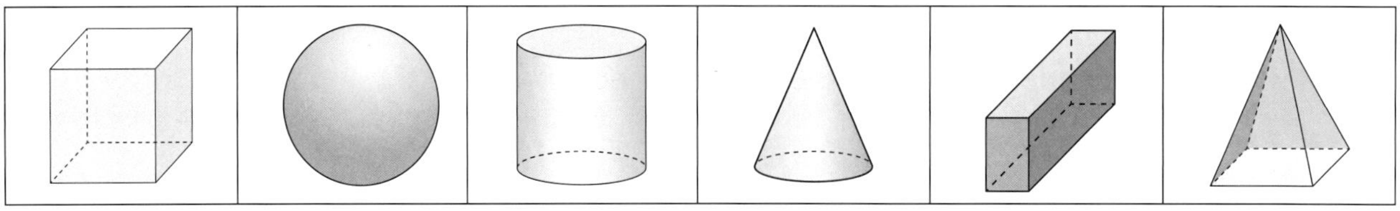

Quader | Kegel | Würfel | Pyramide | Zylinder | Kugel

3. Vervollständige die Körpernetze.

Würfel:

Quader:

4. Male achsensymmetrische Figuren aus.
   Zeichne die Symmetrieachsen ein.

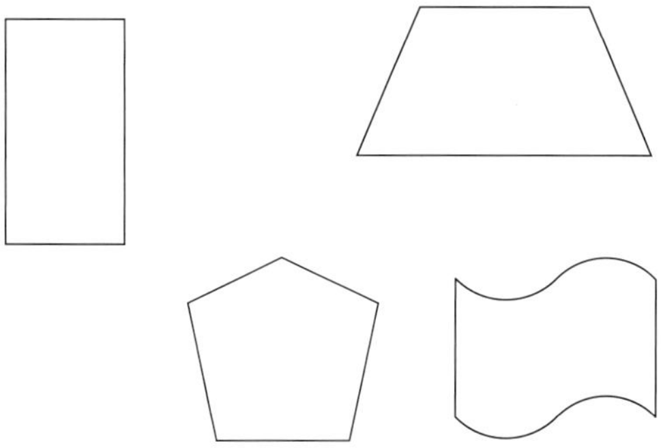

Auswertung: 1. Räumliche Vorstellung ❍ 2. Kenntnisse zu geometrischen Figuren ❍ 3. Geometrische Abbildungen (Symmetrie) ❍

E. Mirwald/B. Nitsch/R. Rink • Mathematikarbeitsblätter 3./4. Klasse | Illustrationen: Christian Böhning

Was weiß ich schon? – Sachrechnen

Name: ______________________

1. a) Lies den Text. Unterstreiche die Frage **rot** und die passenden Angaben **blau**.

In Leas Mathe-Feriencamp sind 8 Kinder aus der Schweiz und doppelt so viele Kinder aus Österreich. 14 Kinder kommen aus Berlin, 23 Kinder kommen aus Nordrhein-Westfalen. 22 Kinder kommen aus Bayern und halb so viele Kinder aus Baden-Württemberg. Wie viele Kinder kommen nicht aus Deutschland?

b) Erstelle eine Tabelle und löse die Aufgabe.

c) Wie alt sind die Kinder aus Österreich und der Schweiz? Begründe deine Antwort.

____

____

2. Mira und ihr Bruder laufen bis zum Spielplatz um die Wette.
Der Spielplatz ist 240 m von zu Hause entfernt. Wenn Mira 80 m läuft, schafft Tom in dieser Zeit 40 m. Mira gibt Tom 80 m Vorsprung. Wer ist zuerst auf dem Spielplatz?

Erstelle eine Skizze und löse Aufgabe.

Antwort:

____

____

____

3. Erfinde zu der folgenden Skizze eine passende Sachaufgabe.

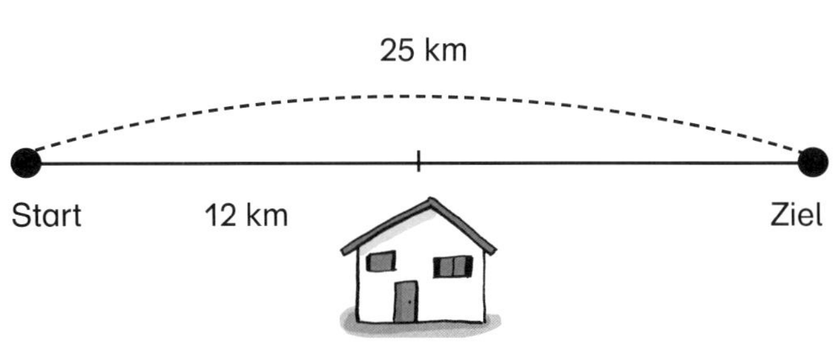

____

____

____

____

____

Auswertung: 1. Texte erfassen ❍ 2. Wichtige und unwichtige Angaben unterscheiden ❍ 3. Tabellen und Skizzen nutzen ❍ 4. Nicht lösbare Aufgaben bearbeiten ❍ 5. Sachaufgaben formulieren ❍

E. Mirwald/B. Nitsch/R. Rink • Mathematikarbeitsblätter 3./4. Klasse | Illustrationen: Lililane Oser

Was weiß ich schon? – Daten, Kombinatorik, Wahrscheinlichkeit

Name: ____________________

1. Die Kinder der Klasse 4b haben erkundet, wie viele von ihnen an einer Arbeitsgemeinschaft teilnehmen. Dazu haben sie eine Tabelle erstellt. Ergänze zu der Tabelle das Diagramm.

AG	Theater	Fußball	Tanzen	Schach
Anzahl	7	8	4	2

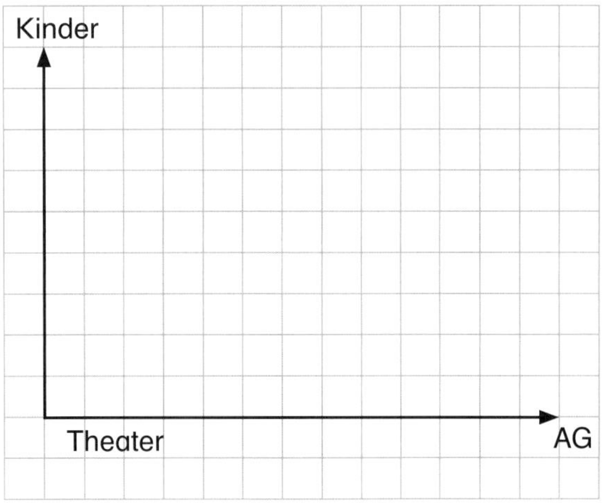

2. Antonia hat den vierstelligen Code ihres Fahrradschlosses vergessen. Sie weiß nur, dass es die **Ziffern 0, 4, 3 und 7** sind. Gib alle Möglichkeiten für den Code an, die du finden kannst.

0 3 4 7 ____________________

____

____

____

____

____

____

____

____

3. Milo pflückt Äpfel vom Apfelbaum. Mit einer Hand greift er immer einen Apfel und legt ihn in den Eimer. Am Baum hängen 5 Äpfel ohne Wurmloch und 9 Äpfel mit einem kleinen Wurmloch.

a) Ist es möglich, dass Milo mit einem Griff einen Apfel ohne Wurmloch greift? Kreuze an.

❍ unmöglich ❍ möglich, aber nicht sicher ❍ sicher

b) Wie viele Äpfel muss Milo mindestens pflücken, um mit Sicherheit einen Apfel ohne Wurmloch zu erhalten? Notiere deine Meinung und begründe.

____

____

4. Ali und Mia würfeln mit zwei Würfeln und berechnen immer die Summe der Augenzahlen.

Wer hat Recht? Begründe deine Meinung.

____

Auswertung: 1. Darstellen von Daten aus einer Tabelle in einem Diagramm. ❍ 2. Beschreiben von zufälligen Ereignissen unter Nutzung der Begriffe „sicher“, „möglich“ und „unmöglich“ ❍ 3. Beschreiben von Gewinnchancen unter Nutzung von „kommt häufiger vor“ und „kommt weniger häufig“ vor. ❍

Große Zahlen

Name: ______________________________

1. Schätze die Anzahlen. Überprüfe.

	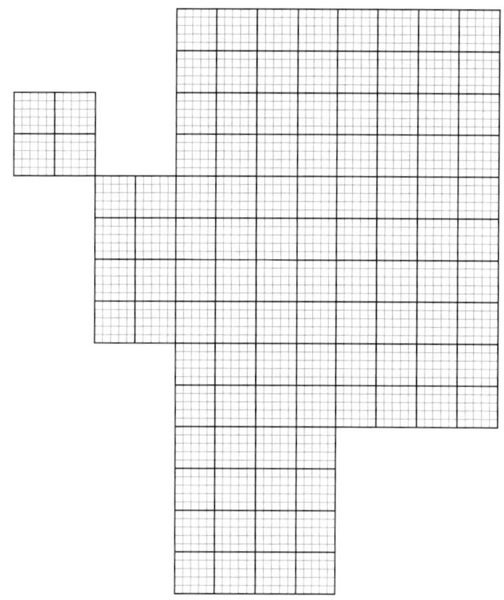
geschätzte Anzahl der Bälle: __________	geschätzte Anzahl der kleinen Quadrate: ______
geprüfte Anzahl der Bälle __________	geprüfte Anzahl der kleinen Quadrate: ______

2. Schulanfang in einer Großstadt: Ergänze die Stellenwerttafel.

HT	ZT	T	H	Z	E	Anzahlen
●●●●	●●	●●●● ●●●●				**428 550** Schulkinder insgesamt
						359 Grundschulen
						32 140 Schulanfänger
		●●●● ●	●●●			______ Schülertickets
	●●●	●●●●	●	●●●● ●●●●		______ Kinder im Schwimmunterricht
						72 Ferientage im Schuljahr

E. Mirwald/B. Nitsch/R. Rink • Mathematikarbeitsblätter 3./4. Klasse | Illustrationen: Liliane Oser

Zahlen legen, malen und schreiben

Name: ______________________

1. a) Erkunde die Tabelle.

100 Kiste	10 Packung	1
II	IIII	III

Wie viele Tomaten haben die Kinder verpackt?

____

b) Wie viele Gurken sind es?

100	10	1
IIII	III	𝍸

c) Wie viele Äpfel sind es?

H	Z	E
𝍸 II	IIII	𝍸 IIII

d) Wie viele Birnen sind es?

Es sind drei Kisten, zwei Packungen und vier einzelne Birnen.

____

2. Lege und schreibe die Ziffern.

3H 3Z 6E ________ 8H 0Z 3E ________

1H 7Z 0E ________ 4H 0Z 7E ________

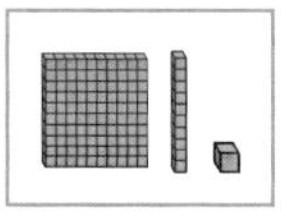

3. Wähle Zahlen aus. Lege und schreibe die Ziffern.

________ ________ ________ ________ ________ ________

4. Schreibe zu den gemalten Zahlbildern die Ziffern.

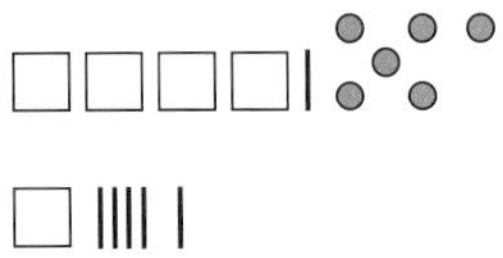

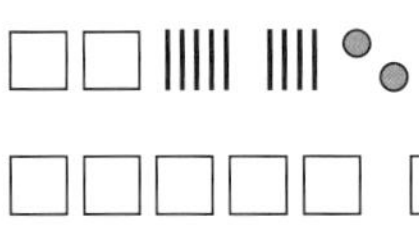

5. Male zu den Zahlen die Zahlbilder.

234 ______________ 109 ______________ 375 ______________

6. Ordne die passenden Zahlen den Bildern zu. Verbinde.

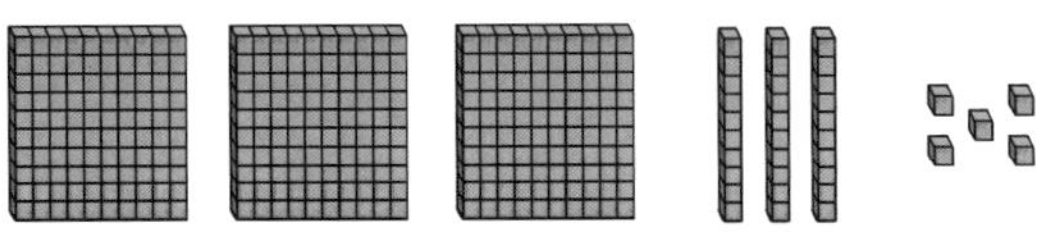

266

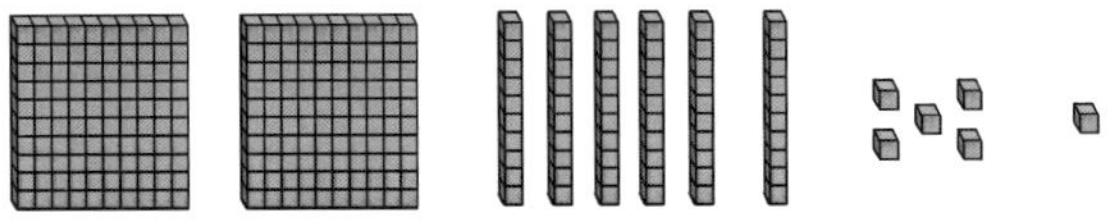

480

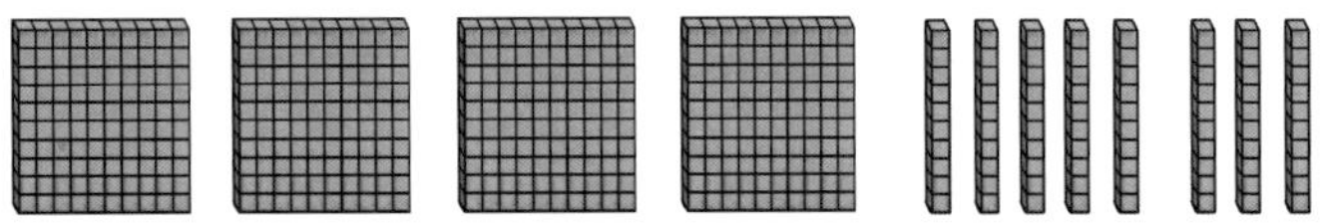

335

E. Mirwald/B. Nitsch/R. Rink • Mathematikarbeitsblätter 3./4. Klasse | Illustrationen: Dorina Tessmann, außer: Gurke: Liliane Oser, Apfel: Anna-Lena Kühler, Rechenmaterial: Yo Rühmer

Zahlen bis 10 000

Name: ______________________________

1. Umrande mit Farbstiften die **Hunderterplatten** folgendermaßen.

Zahl	10 000	2 000	4 500	6 900	7 100	8 700	9 900
Farbe	schwarz	blau	rot	grün	gelb	braun	lila

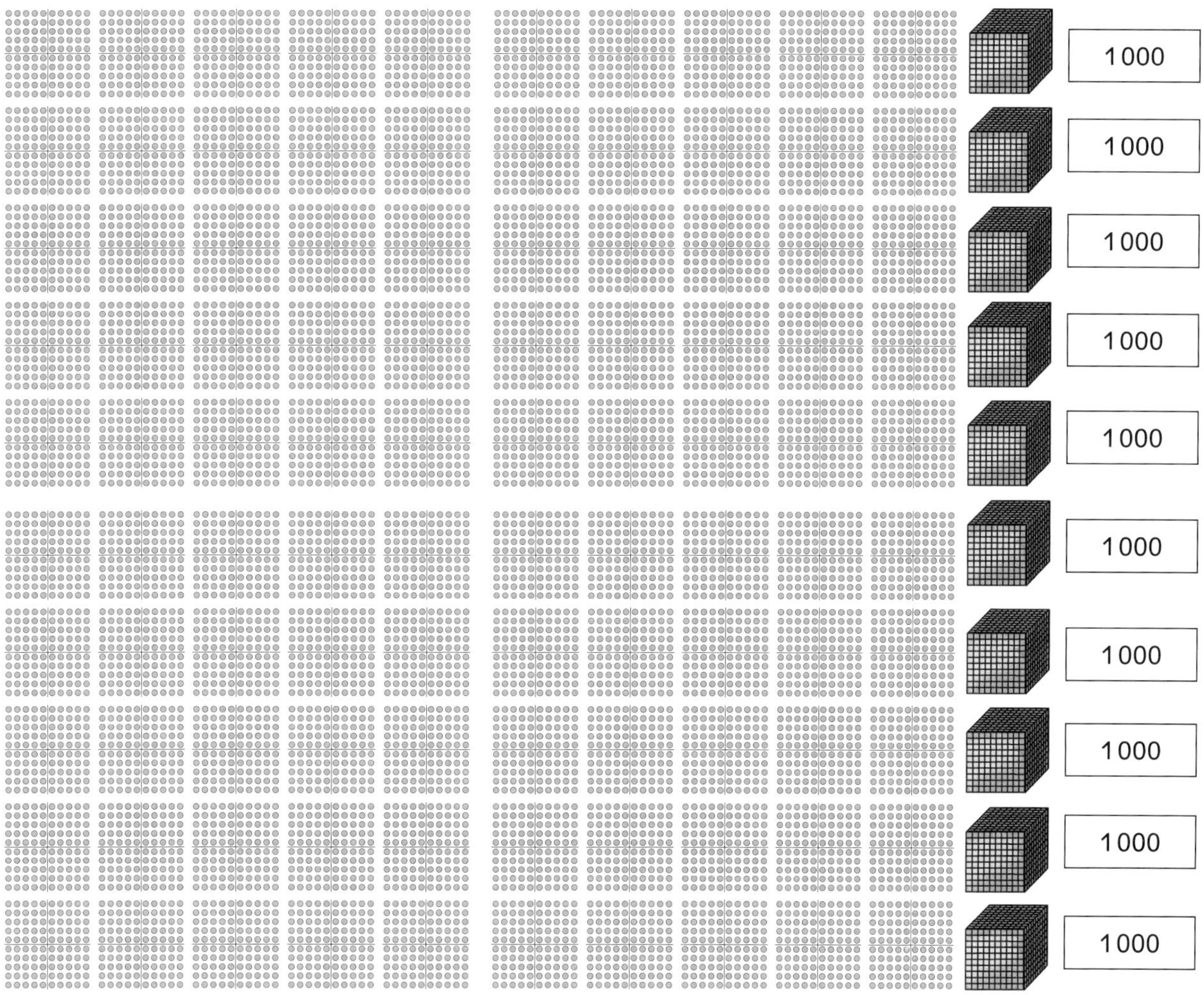

2. Ergänze **Zahl** und **Zahlwort**.

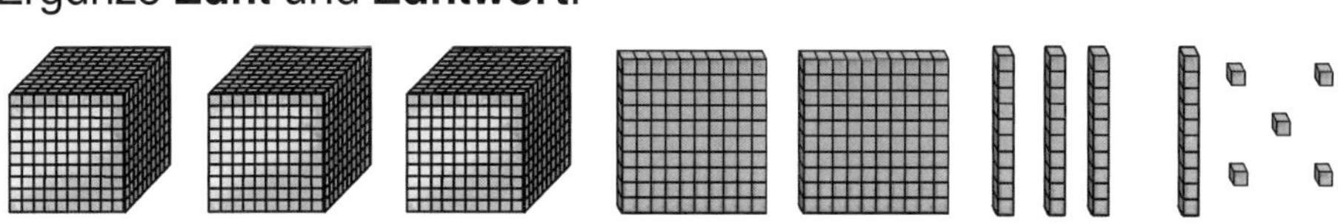

Zahl: ______

Zahlwort: ______________________________

3. Lege mit deinen Legekärtchen.

4 612   3 235   7 483   2 026   1 001   5 244

4. Setze die richtigen Zeichen ein (<, >, =).

4 612 ☐ 3 235   7 483 ☐ 2 026   1 001 ☐ 5 244   6 789 ☐ 6 789

E. Mirwald/B. Nitsch/R. Rink • Mathematikarbeitsblätter 3./4. Klasse | Illustrationen: Yo Rühmer: Rechenmaterial; Dorina Tessmann: Fuchs

Zahlbeziehungen

Name: ____________________

1. a) Trage die folgenden Zahlen am Zahlenstrahl ein: **505**, **523**, **542**, **564**, **579**.

b) Welche Zahlen liegen zwischen **531** und **536**?

531 ____ ____ ____ ____ 536

Welche Zahlen liegen zwischen **568** und **573**?

568 ____ ____ ____ ____ 573

Welche Zahlen liegen zwischen **549** und **554**?

549 ____ ____ ____ ____ 554

c) Ergänze die Tabelle.

Vorgänger	Zahl	Nachfolger
	505	
	523	
	542	
	564	
	579	

2. Ergänze …

a) die Nachbar**zehner**

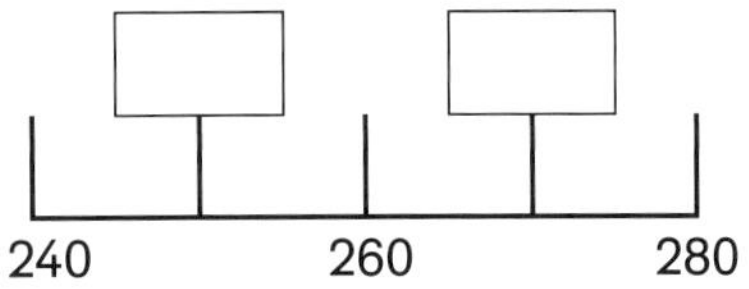

b) die Nachbar**hunderter**

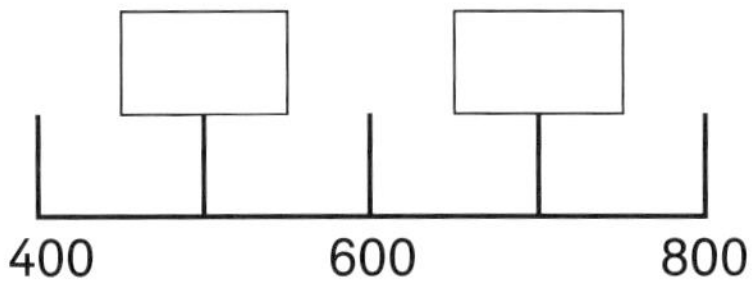

c) die Nachbar**tausender**

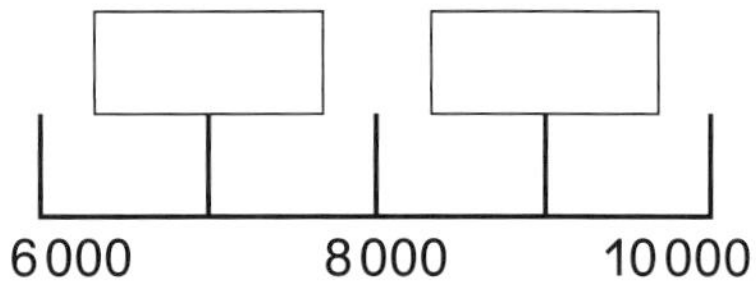

3. Ergänze

a) die Nachbar**zehner**

NZ	Zahl	NZ
	324	
	390	
	309	

b) die Nachbar**hunderter**

NH	Zahl	NH
	750	
	400	
	950	

c) die Nachbar**tausender**

NT	Zahl	NT
	8200	
	6350	
	9010	

4. Runde …

a) auf volle **Zehner**.

↓

214 ≈ ________

6317 ≈ ________

75625 ≈ ________

12878 ≈ ________

b) auf volle **Hunderter**.

↓

6317 ≈ ________

12878 ≈ ________

75625 ≈ ________

99899 ≈ ________

c) auf volle **Tausender**.

↓

6317 ≈ ________

12878 ≈ ________

75625 ≈ ________

99899 ≈ ________

Nutze die Rundungsregeln.

E. Mirwald/B. Nitsch/R. Rink • Mathematikarbeitsblätter 3./4. Klasse | Illustrationen: Dorina Tessmann

Zahlen bis 1000000

Name: ______________________________

1. Ergänze die Stellenwerttafel.

HT	ZT	T	H	Z	E	Zahl
●●●●●	●●●	●	●●●●●●	●●●●	●●●●	
●●	●●●●●●●	●●●	●●	●	●●●●●●●●●	
●●●●●●●●●	●●●●●●●●	●	●●●	●●●●●		
●●●		●●●●	●●●●●		●●●	

2. Ergänze die Stellenwerttafel.

HT	ZT	T	H	Z	E	Zahl
6	2	1	5	4	3	
						215312
9	9	9	1	0	7	
						628501

3. Ergänze die markierten Zahlen auf dem Zahlenstrahl.

a)

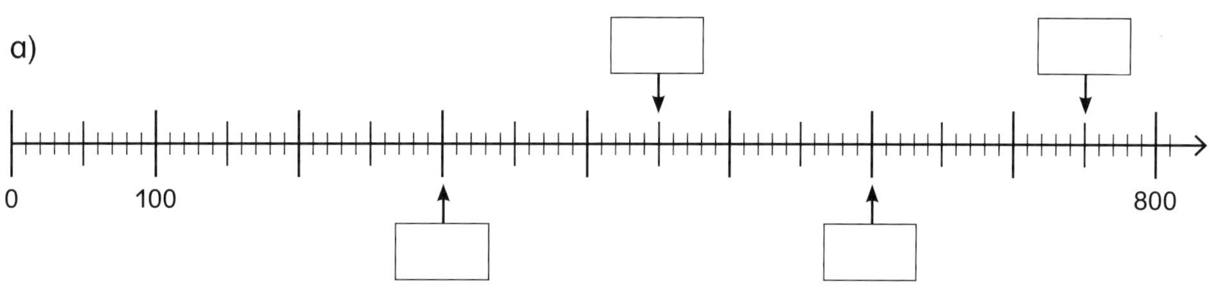

b)

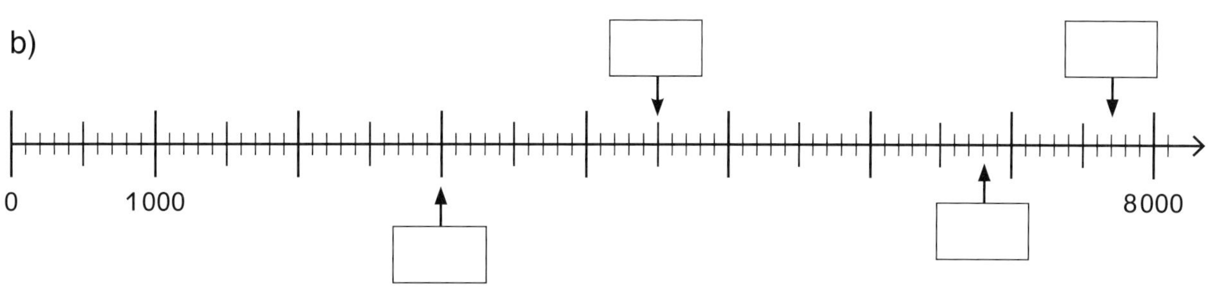

4. Trage die folgenden Zahlen auf dem Zahlenstrahl ein: 15000, 52000, 37000, 76000, 44000, 65000

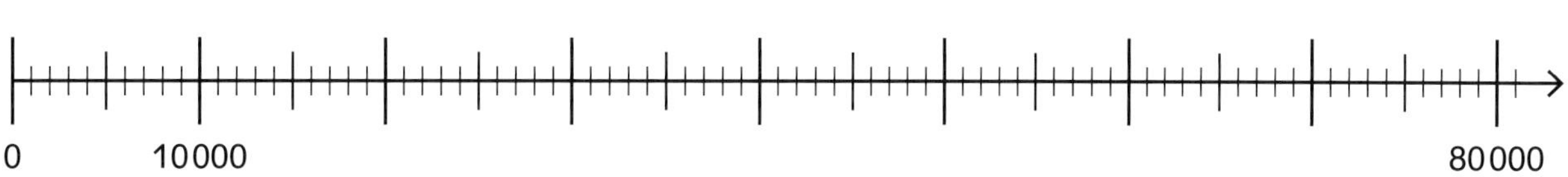

Halbschriftliches Addieren 1

Name: ______________________________

1. Lege und schreibe die Rechnung auf.

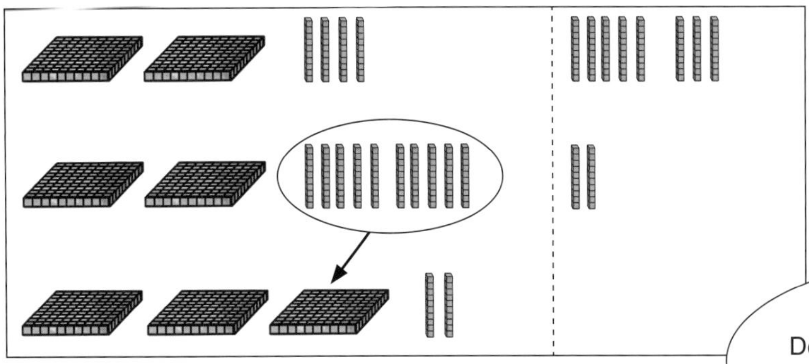

2	4	0	+	8	0	=	3	2	0
2	4	0	+	6	0	=	3	0	0
3	0	0	+	2	0	=	3	2	0

Über den Hunderter:
Denke daran, dass du 10 Zehner gegen einen Hunderter tauschen kannst.

a) 450 + 160

b) 340 + 470

c) 270 + 140

d) 170 + 330

Lösungen:
410
500
610
810

2. Male und schreibe deinen Rechenweg auf.

322 + 240

3	2	2	+	2	4	0	=			
3	2	2	+	2	0	0	=	5	2	2
			+		4	0	=			

234 + 350

2	3	4	+	3	5	0	=			

E. Mirwald/B. Nitsch/R. Rink • Mathematikarbeitsblätter 3./4. Klasse | Illustrationen: Yo Rühmer: Rechenmaterial; Dorina Tessmann: Fuchs

Halbschriftliches Addieren 2

Name: ______________________________

1. Du kannst legen, malen oder nur den Rechenweg aufschreiben.

Zum Malen kannst du ein leeres Blatt nutzen.

a) 476 + 320

b) 520 + 136

c) 375 + 60

d) 237 + 732

2. Ergänze eigene Zahlen und rechne.

a) 425 + ______

b) 205 + ______

c) 135 + ______

2. Verbinde die beiden Zahlen, deren Ergebnis …

… 100 ist.		… 1000 ist.		… 10000 ist.	
40	70	500	700	2000	2600
10	50	300	750	3500	8200
30	60	250	550	9999	8000
50	80	199	500	7400	6500
20	90	450	801	1800	?

E. Mirwald/B. Nitsch/R. Rink • Mathematikarbeitsblätter 3./4. Klasse | Illustrationen: Dorina Tessmann

Halbschriftliches Addieren 3

Name: ______________________________

1. Wie viel sind es in der Kiste?

76 + ________ = 90

230 + ________ = 400

2. Rechne. Erfinde auch eigene Aufgaben.

610	+		=	910	250	+		=	500
445	+		=	8900	540	+		=	600
	+		=			+		=	

3. Wie viel sind es in der Kiste?

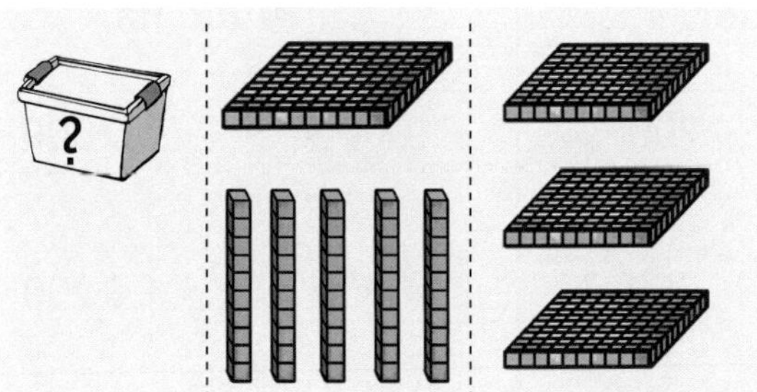

________ + 150 = 300

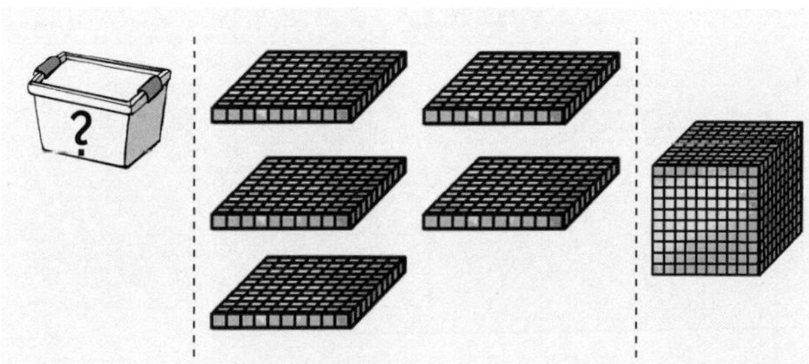

________ + 500 = 1000

4. Rechne.

	+	200	=	400		+	400	=	800
	+	3000	=	9000		+	7000	=	10000

E. Mirwald/B. Nitsch/R. Rink • Mathematikarbeitsblätter 3/4. Klasse | Illustrationen: Dorina Tessmann, außer: Rechenmaterial: Yo Rühmer

Halbschriftliches Addieren 4

Name: ______________________________

1. Schneide die Kärtchen aus. Lege immer zwei passende Kärtchen zusammen.

7 + 3	300 + 57	4500 + 2500	30
45 + 25	27 + 3	30000	3570
3000 + 570	450 + 250	57000 + 3000	25000 + 45000
300	7000	270 + 30	70
87	27000 + 3000	60000	30 + 57
700	357	70000	10

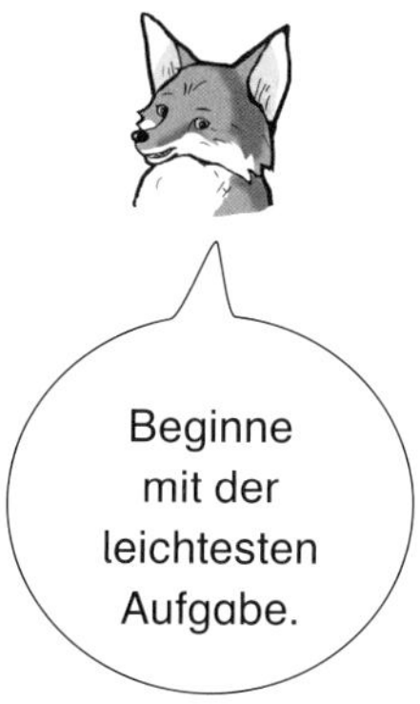

2. Schneide die Karten mit den Fachbegriffen zur Addition und den Quizfragen dazu aus. Lege passende Karten zusammen.

Summand	Summand	Summe	Addition	addieren
Wie nennt man die Rechenoperation, bei der plus gerechnet wird?	Wie lautet der Fachbegriff für das Ergebnis einer Plusaufgabe?	Wie nennt man die Zahl vor dem Pluszeichen?	Wie nennt man die Zahl nach dem Pluszeichen?	Wie heißt das Verb, das zur Rechenoperation der Addition gehört?

3. Notiere die Aufgaben und Lösungen zu den Rechenrätseln.

Rechenrätsel

Berechne die Summe von 400 und 28. ______________________	Berechne die Summe von 525 und 275. ______________________
Ein Summand ist 650. Der andere Summand ist 450. Berechne die Summe. ______________________	Ein Summand ist das Doppelte von 400. Der andere Summand ist die Hälfte von 200. Bilde die Summe. ______________________

E. Mirwald/B. Nitsch/R. Rink • Mathematikarbeitsblätter 3./4. Klasse | Illustrationen: Dorina Tessmann

Halbschriftliches Subtrahieren 1

Name: ______________________

1. Lege. Schreibe die Rechnung und das Ergebnis auf.

370 – 120 = __________

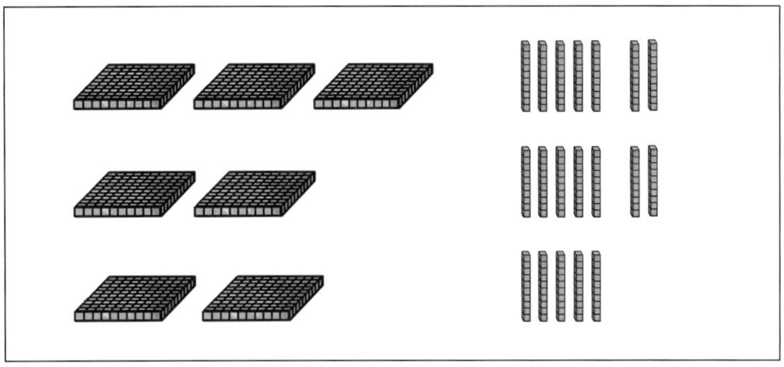

3	7	0	–	1	2	0	=	2	5	0
3	**7**	**0**								
3	7	0	–	1	0	0	=	2	7	0
2	7	0	–		2	0	=	2	5	0

Beachte: Erst die Hunderter und dann die Zehner.

a) 380 – 120

3	8	0	–	1	2	0	=			
3	8	0								

b) 690 – 260

c) 780 – 240

d) 890 – 410

Lösungen:
430
260
480
540

2. Male und schreibe die Rechenwege auf.

a) 430 – 250

Du kannst einen Hunderter in 10 Zehner tauschen.

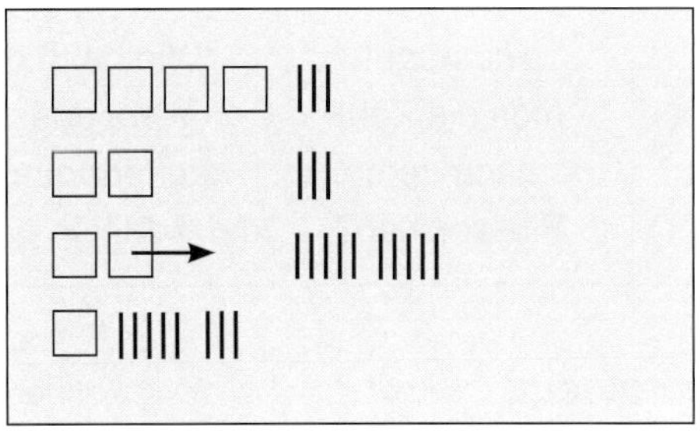

4	3	0	–	2	5	0	=			
4	**3**	**0**								
4	3	0	–	2	0	0	=	2	3	0
2	3	0	–		3	0	=	2	0	0
2	0	0	–		2	0	=			

b) 530 – 290

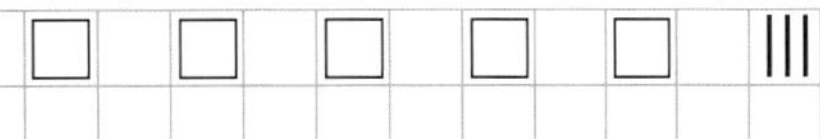

5 3 0

E. Mirwald/B. Nitsch/R. Rink • Mathematikarbeitsblätter 3./4. Klasse | Illustrationen: Yo Rühmer; Rechenmaterial; Dorina Tessmann: Fuchs

Halbschriftliches Subtrahieren 2

KV 17

Name: ______________________________

1. Male und schreibe die Rechenwege auf.

a) 580 – 360

5	8	0

b) 830 – 610

c) 380 – 160

d) 625 – 350

E. Mirwald/B. Nitsch/R. Rink • Mathematikarbeitsblätter 3./4. Klasse | Illustrationen: Dorina Tessmann

Halbschriftliches Subtrahieren 3

Name: ______________________________

1. Rechne. Du kannst dazu legen, malen oder den Rechenweg aufschreiben.

a) 709 – 670

b) 870 – 790

c) 7623 – 70

d) 998 – 820

Lösungen:
80
39
178
7553

2. Schneide die Karten aus. Immer zwei Karten bilden ein Paar. Lege Paare.

95 – 74	**750 – 450**	**650**	**300**
1000 – 640	**9900 – 5900**	**3000**	**360**
22200 – 1100	**85 – 26**	**21100**	**4000**
875 – 225	**7500 – 4500**	**59**	**21**

3. Schneide die Karten mit den Fachbegriffen zur Addition und den Quizfragen dazu aus. Lege passende Karten zusammen.

Minuend	**Subtrahend**	**Differenz**	**Subtraktion**	**subtrahieren**
Wie nennt man die Rechenoperation, bei der Minus gerechnet wird?	Wie lautet der Fachbegriff für das Ergebnis einer Minusaufgabe?	Wie nennt man die Zahl, von der abgezogen wird?	Wie nennt man die Zahl, die abgezogen wird?	Wie heißt das Verb, das zur Rechenoperation der Subtraktion gehört?

E. Mirwald/B. Nitsch/R. Rink • Mathematikarbeitsblätter 3/4. Klasse | Illustrationen: Dorina Tessmann

Halbschriftliches Subtrahieren 4

Name: ______________________

1. a) Bruno muss davon 212 € bezahlen. Wie viel bleibt übrig?

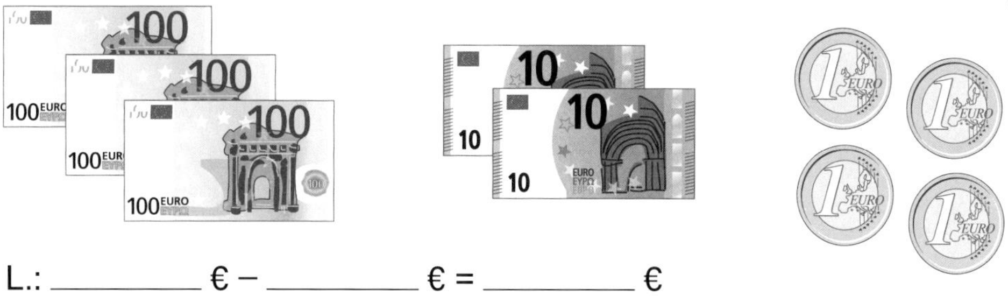

L.: ________ € – ________ € = ________ €

Antwort: Es bleiben ________ € übrig.

b) Anna muss davon 115 € bezahlen. Wie viel bleibt übrig?

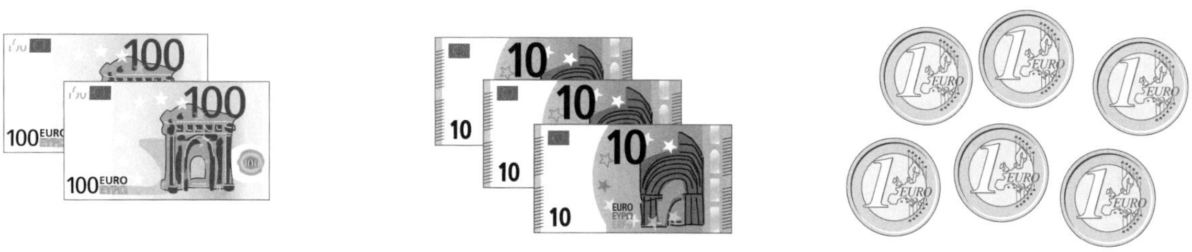

L.: ______________________

Antwort: ______________________

2. Male Rechengeld zu den Aufgaben und rechne.

a)

100 €	100 €	100 €	10 €	10 €	1 €
100 €	100 €		10 €	10 €	1 €

________ € – 421 € = ________ €

b)

600 € – 490 € = ________ €

c)

450 € – 215 € = ________ €

E. Mirwald/B. Nitsch/R. Rink • Mathematikarbeitsblätter 3./4. Klasse | Illustrationen: Dorina Tessmann: Fuchs; Detlef Seidensticker/Deutsche Bundesbank: Geldscheine; Cornelsen/Detlef Seidensticker/Deutsche Bundesbank/Luc Luycx aus Belgien: Euromünzen

Multiplizieren 1

Name: ______________________

1. Male und ergänze.

3 · 8 = ________

4 · 5 = ________

6 · 7 = ________

7 · 8 = ________

4 · 6 = ________

7 · 4 = ________

9 · 7 = ________

6 · 8 = ________

4 · 8 = ________

2. Schreibe deine schwierigsten Malaufgaben auf und löse sie.

E. Mirwald/B. Nitsch/R. Rink • Mathematikarbeitsblätter 3./4. Klasse | Illustrationen: Dorina Tessmann

Multiplizieren 2

Name: ______________________________

1. Schneide aus. Lege dann Paare.

1 · 1	100	6 · 6	81
2 · 2	64	7 · 7	16
3 · 3	49	8 · 8	9
4 · 4	36	9 · 9	4
5 · 5	25	10 · 10	1

2. Verdopple immer. Schreibe zwei Nachbaraufgaben dazu.

Menge	Zahl	Aufgabe	Nachbaraufgabe	Nachbaraufgabe
	4	2 · 4 = ____	1 · 4 = ____	3 · 4 = ____

3. Verdoppelt mit den Fingern:
   - Suche dir ein Partnerkind.
   - Zeige eine Anzahl von 1 bis 10 mit den Fingern.
   - Dein Partnerkind zeigt genauso viele Finger.
   - Wie viele Finger habt ihr zusammen?

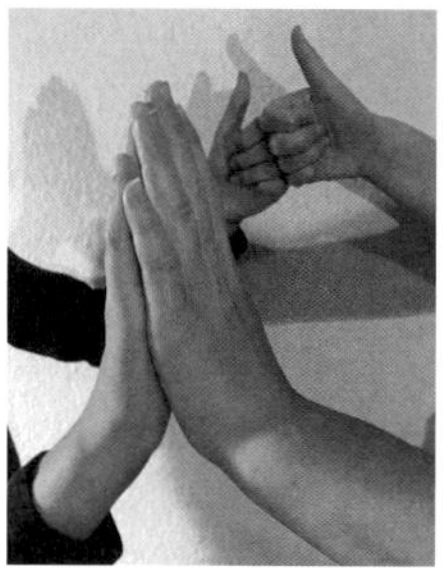

E. Mirwald/B. Nitsch/R. Rink • Mathematikarbeitsblätter 3/4. Klasse | Foto: Roland Rink; Rechenmaterial: Yo Rühmer

Halbschriftliches Multiplizieren 1

Name: ______________________

1. Ergänze.

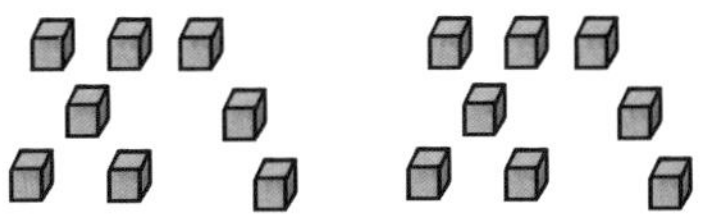	2 · 8 = ______
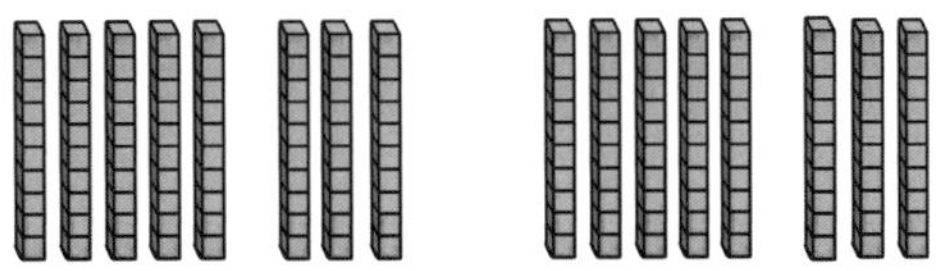	2 · 80 = ______
	2 · ______ = ______
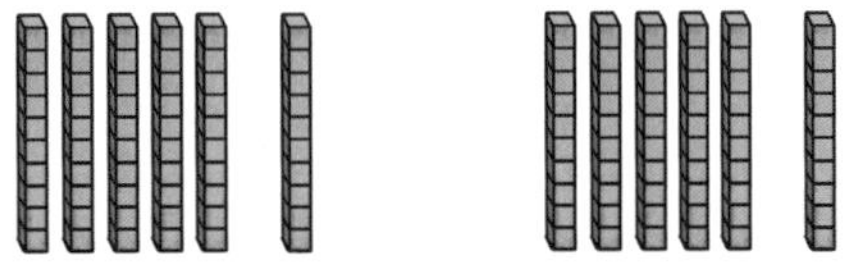	___ · ______ = ______
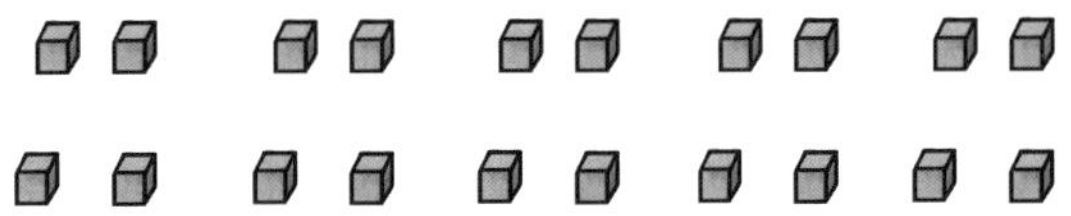	___ · ______ = ______
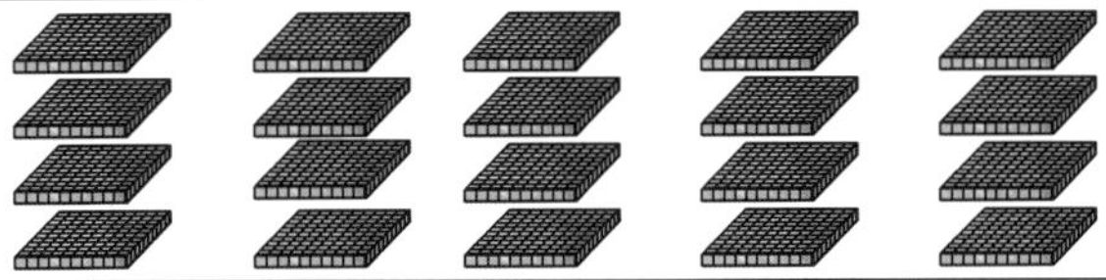	___ · ______ = ______
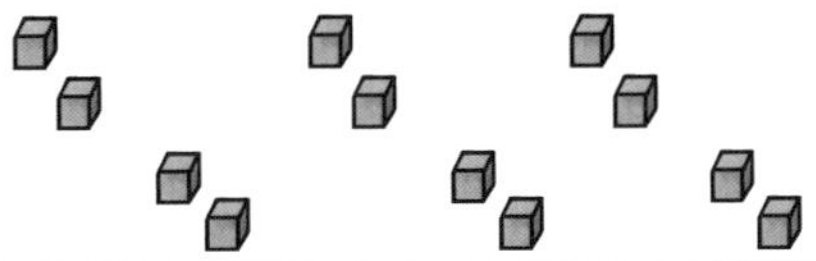	___ · ______ = ______
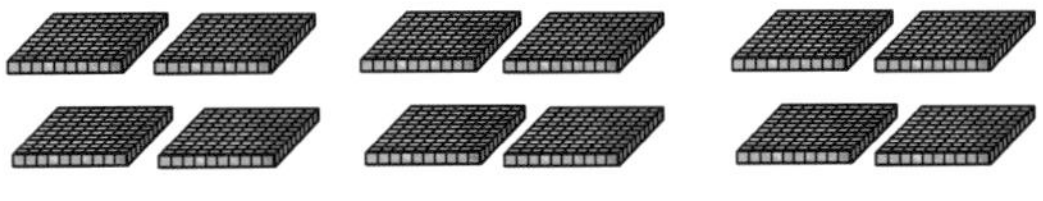	___ · ______ = ______
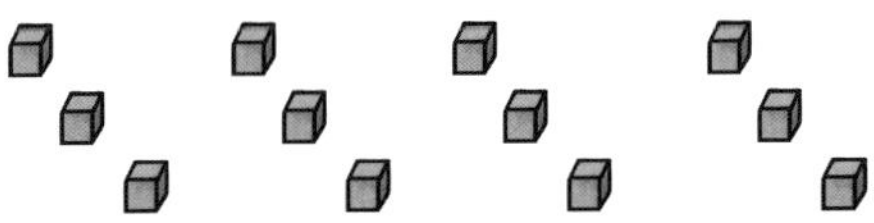	___ · ______ = ______
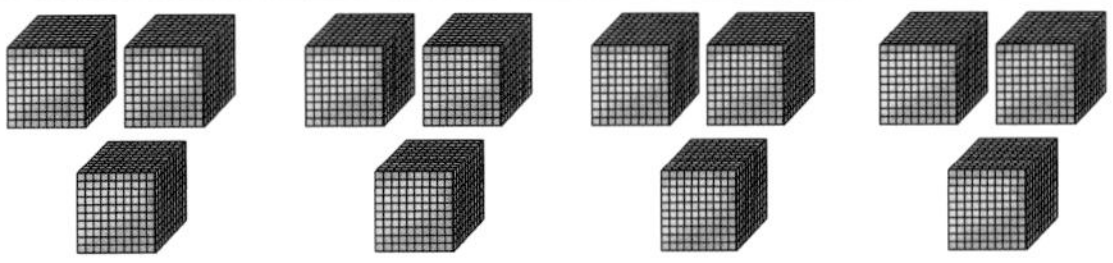	___ · ______ = ______
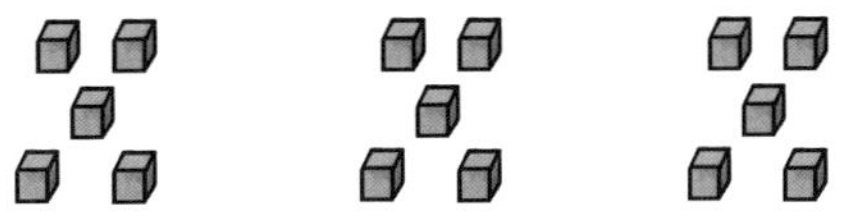	___ · ______ = ______
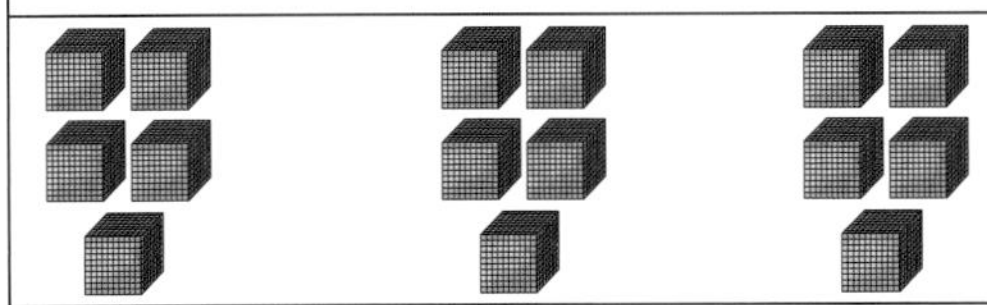	___ · ______ = ______

E. Mirwald/B. Nitsch/R. Rink • Mathematikarbeitsblätter 3/4. Klasse | Illustrationen: Yo Rühmer: Rechenmaterial; Dorina Tessmann: Fuchs

Halbschriftliches Multiplizieren 2

Name: ____________________

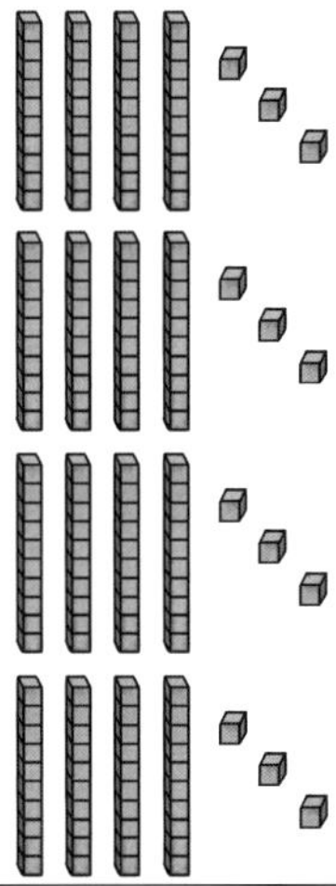

$4 \cdot 43 = 172$

$4 \cdot 40 = 160$

$4 \cdot 3 = 12$

Im Kopf:

$160 + 12 = 172$

Also: $4 \cdot 43 = 172$

Alina **zerlegt** den **zweiten Faktor** und multipliziert. Dann addiert sie beide Ergebnisse und schreibt das Gesamtergebnis oben auf.

1. Lege, zeichne und rechne.

a) 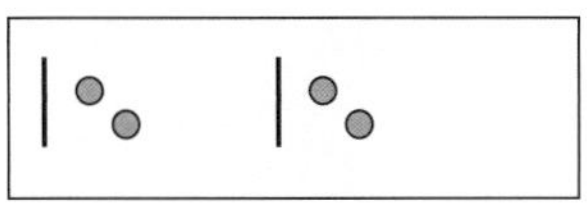

$2 \cdot 12$

b)

$3 \cdot 15$

c) 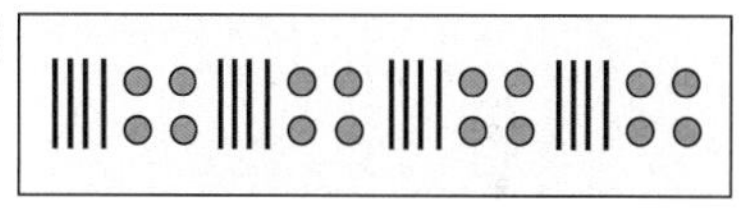

___ · ___

2. Rechne.

a) 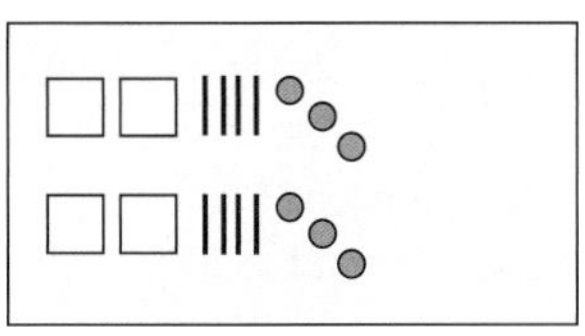

$2 \cdot 243$

b) 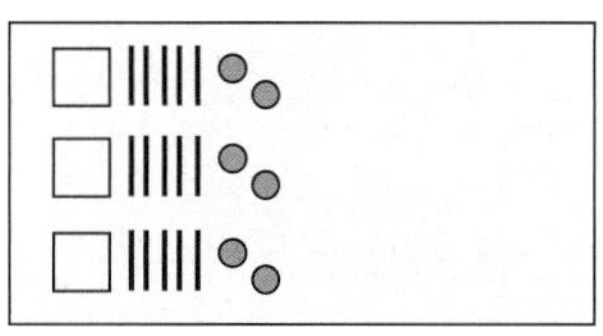

___ · ___

c) 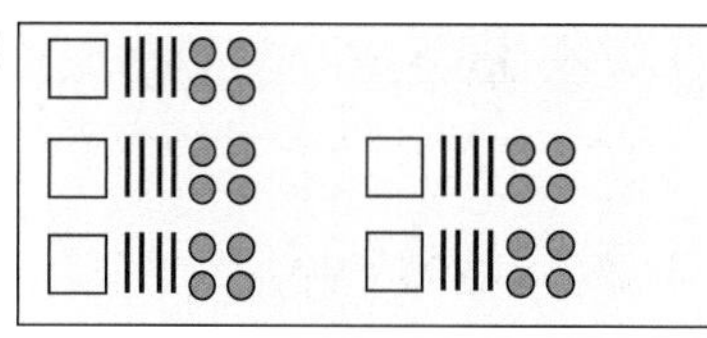

___ · ___

3. Rechne. Du kannst auch legen und malen.

$123 \cdot 3$

$132 \cdot 3$

$213 \cdot 3$

E. Mirwald/B. Nitsch/R. Rink • Mathematikarbeitsblätter 3./4. Klasse | Illustrationen: Yo Rühmer: Rechenmaterial; Dorina Tessmann: Fuchs

Halbschriftliches Multiplizieren 3

Name: ______________________________

1. Versuche es wie Hanno.

3 · 32

·	30	2	
3	90	6	96

3 · 32 = 96

5 · 56

·		
5		

8 · 74

·		
8		

13 · 25

·	20	5	
10	200	50	250
3	60	15	75
	260	65	325

13 · 25 = 325

28 · 19

·			
20			
8			

42 · 42

·			

2. Wähle jeweils zwei Aufgaben aus und rechne auf deinem Weg. Was fällt dir auf?

a) 68 · 2 34 · 4 17 · 8 b) 80 · 20 40 · 40 20 · 80

3. Löse die Rechenrätsel.

Berechne das Produkt von 9 und 11.

Multipliziere die Faktoren 3 und 15.

Berechne das Produkt von 4 und 125.

4. Schneide die Karten mit den Fachbegriffen zur Addition und die Quizfragen aus. Lege passende Karten zusammen.

(erster) **Faktor**	(zweiter) **Faktor**	**Produkt**	**multiplizieren**	**Multiplikation**
Wie heißt die erste Zahl, die multipliziert wird?	Wie lautet der Fachbegriff für das Ergebnis einer Malaufgabe?	Wie nennt man die Rechenoperation, bei der Mal gerechnet wird?	Wie heißt die zweite Zahl, mit der multipliziert wird?	Wie heißt das Verb, das zur Rechenoperation der Multiplikation gehört?

E. Mirwald/B. Nitsch/R. Rink • Mathematikarbeitsblätter 3/4. Klasse | Illustrationen: Dorina Tessmann

Dividieren 1

Name: ______________________________

1. Schneide aus. Lege Paare.

	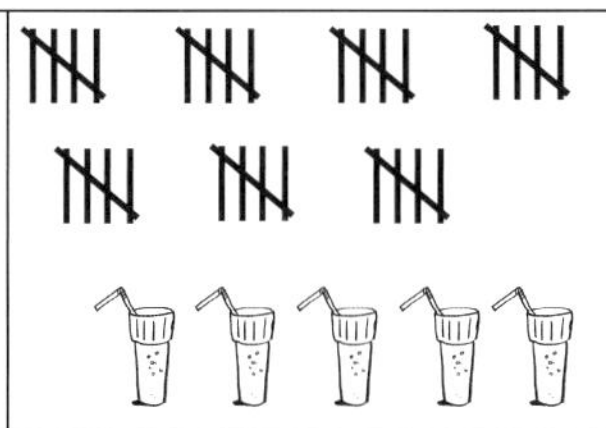	18 : 2	8 : 2
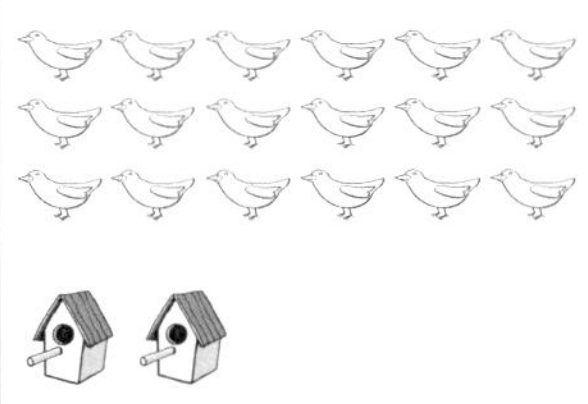		12 : 4	35 : 5
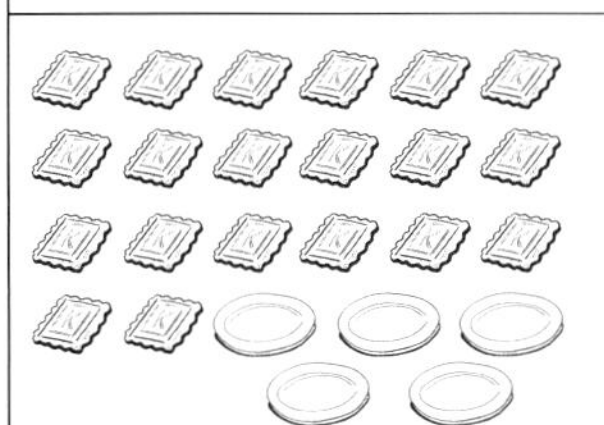		28 : 7	16 : 2
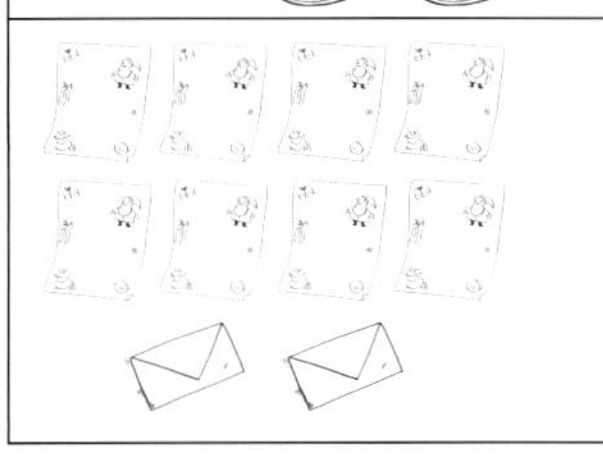	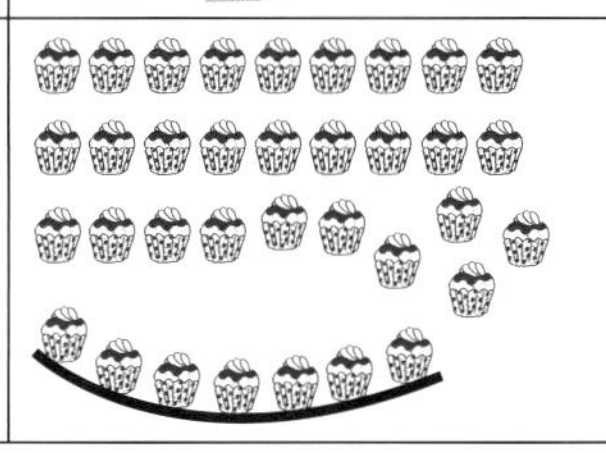	20 : 5	12 : 3

2. Male 24 Knöpfe.

a) **Bündle immer 4.** Wie viele Bündel erhältst du?

Rechne und antworte: 24 : 4 = ________

Ich erhalte ________ Bündel.

b) **Bündle immer 8.** Wie viele Bündel erhältst du?

Rechne und antworte: ______________________________

____

c) **Bündle immer 6.** Wie viele Bündel erhältst du?

Rechne und antworte: ______________________________

____

d) **Bündle immer 2.** Wie viele Bündel erhältst du?

Rechne und antworte: ______________________________

____

E. Mirwald/B. Nitsch/R. Rink • Mathematikarbeitsblätter 3/4. Klasse | Illustrationen: Kristina Klotz, außer: Vogelhaus: Dorina Tessmann; Glas, Vogel, Teller, Keks, Papier, Brief: Liliane Oser

Dividieren 2

Name: ______________________

1. Malaufgaben erkennen und Umkehraufgaben finden

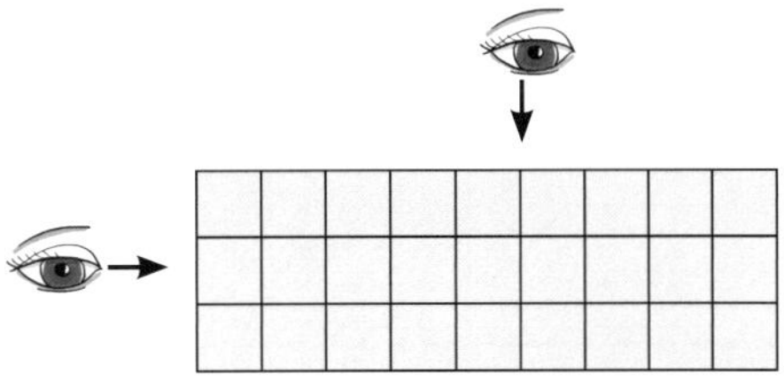

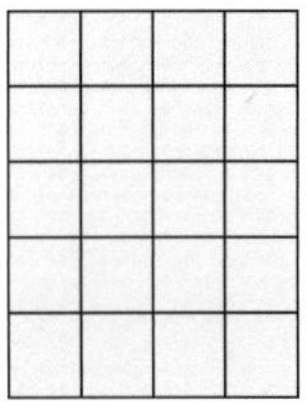

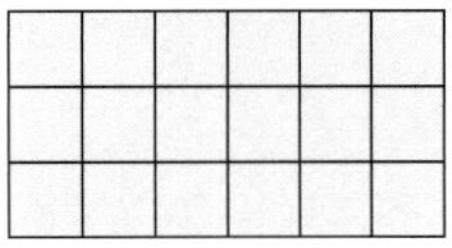

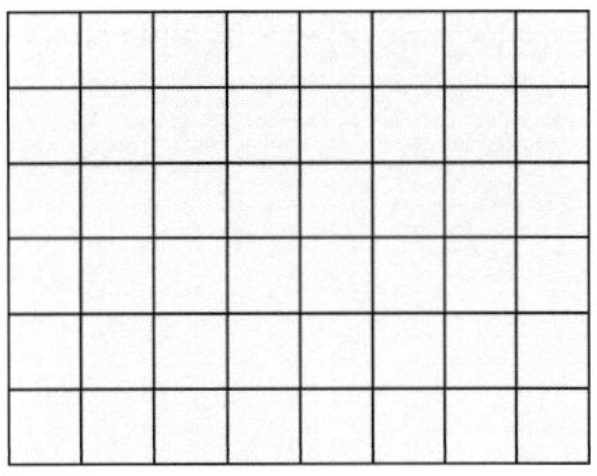

Malaufgaben	Umkehraufgaben
3 · 9 = ____	____ : 9 = ____
9 · 3 = ____	____ : 3 = ____
____________	____________
____________	____________
____________	____________
____________	____________
____________	____________
____________	____________

2. Bilde immer die passenden Aufgabenfamilien.

20
2 10

2 · 10 = ________
10 · ____ = ________
20 : 10 = ________
20 : ____ = ________

56
7 ?

30
? 6

36
4 ?

15
? 5

44

E. Mirwald/B. Nitsch/R. Rink • Mathematikarbeitsblätter 3./4. Klasse | Illustrationen: Liliane Oser

Halbschriftliches Dividieren 1

Name: ______________________

1. Rechne.

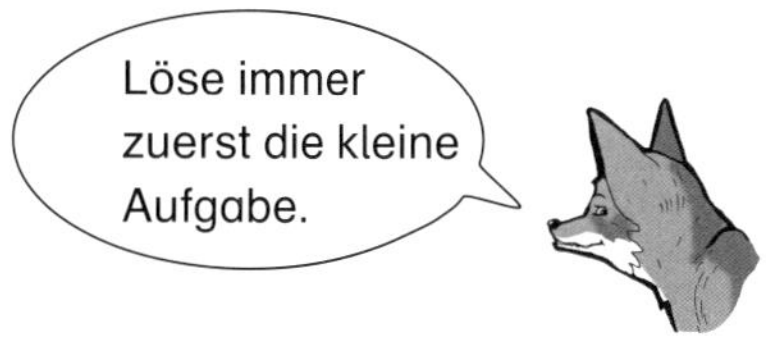

a) 20 : 2 = ____
200 : 2 = ____

b) 40 : 8 = ____
400 : 8 = ____

c) 35 : 7 = ____
350 : 7 = ____

d) 54 : 9 = ____
450 : 9 = ____

e) 56 : 8 = ____
560 : 8 = ____

f) 49 : 7 = ____
490 : 7 = ____

g) 81 : 9 = ____
810 : 9 = ____

h) 64 : 8 = ____
640 : 8 = ____

2. Male und rechne.

① 40 ② 32

72 : 4 = 18

① 40 : 4 = 10
② 32 : 4 = 8
③ 10 + 8 = 18

Also: 72 : 4 = 18

72 : 3 = ____ 60 : 3 = ____ 12 : 3 = ____ ____	 60 12	95 : 5 ____ ____ ____ ____	
84 : 4 = ____ ____ ____ ____		78 : 6 ____ ____ ____ ____	
105 : 7 ____ ____ ____ ____		104 : 8 ____ ____ ____ ____	

E. Mirwald/B. Nitsch/R. Rink • Mathematikarbeitsblätter 3./4. Klasse | Illustrationen: Dorina Tessmann

Halbschriftliches Dividieren 2

Name: ______________________________

1. Rechne. Du kannst auch dazu malen und ein Extrablatt dafür nutzen.

45 45 45
56 56 56

a) 112 : 2

b) 135 : 3

c) 224 : 4

d) 448 : 8

e) 405 : 9

f) 270 : 6

2. Nüsse knacken. Rechne und notiere die Lösungen.

die Hälfte von 180

das Doppelte von 72

die Hälfte von 150

das Doppelte von 150

das Doppelte von 88

Mein Rätsel: ______ ______ ______

3. Löse die Rechenrätsel.

Berechne den Quotienten von 40 und 2.

____

Der Dividend ist 65 und der Divisor 5. Berechne den Quotienten.

____

4. Schneide die Karten mit den Fachbegriffen zur Addition und die Quizfragen dazu aus. Lege passende Karten zusammen.

Dividend	Divisor	Quotient	multiplizieren	Multiplikation
Wie heißt die Zahl, die dividiert wird?	Wie lautet der Fachbegriff für das Ergebnis einer Geteiltaufgabe?	Wie nennt man die Rechenoperation, bei der Geteilt gerechnet wird?	Wie heißt die Zahl, durch die dividiert wird?	Wie heißt das Verb, das zur Rechenoperation der Division gehört?

E. Mirwald/B. Nitsch/R. Rink • Mathematikarbeitsblätter 3./4. Klasse | Illustrationen: Antje Bohnstedt

Schriftliches Addieren

Name: ______________________________

1. Male und rechne.

463 + 125

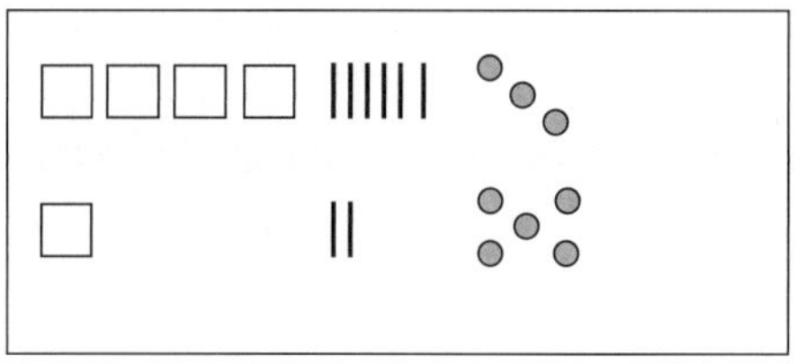

	H	Z	E	
	4	6	3	
+	1	2	5	

1. Rechne und beginne mit den E.
2. Kontolliere.
3. Unterstreiche doppelt.

2. Rechne.

a) 526 + 372

	H	Z	E	
+				

b) 315 + 154

	H	Z	E	
+				

c) 231 + 658

	H	Z	E	
+				

d) 734 + 264

	H	Z	E	
+				

3. Addieren mit Übertrag: Male und rechne.

a) 628 + 269

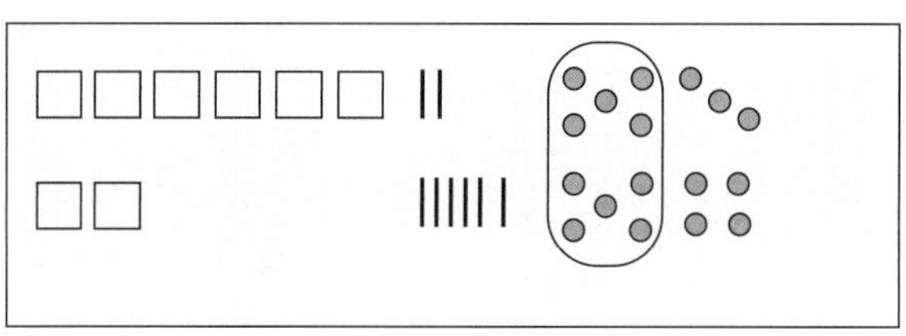

	H	Z	E	
	6	2	8	
+	2	6	9	
		1		
			7	

Denke an den **Übertrag!**

b) 464 + 363

	H	Z	E	
+				

4. Lege und rechne.

a) 337 + 454

	H	Z	E	
+				

b) 896 + 172

	H	Z	E	
+				

c) 248 + 625

	H	Z	E	
+				

d) 486 + 496

	H	Z	E	
+				

E. Mirwald/B. Nitsch/R. Rink • Mathematikarbeitsblätter 3./4. Klasse | Illustrationen: Dorina Tessmann

Schriftliches Subtrahieren

Name: ______________________________

1. Male und rechne.

267 – 132   Ü: ____________

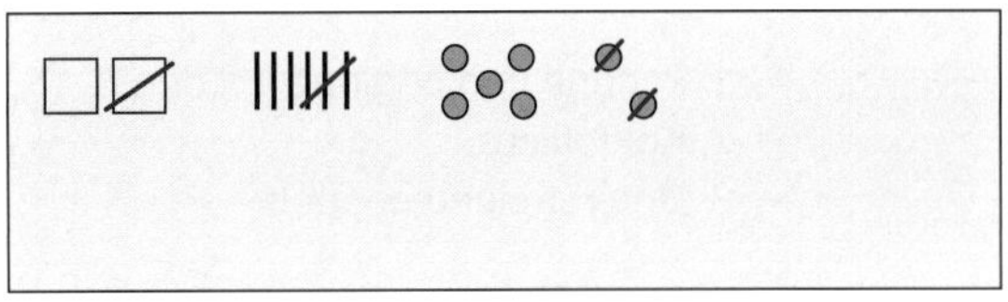

	H	Z	E	
	2	6	7	
–	1	3	2	

2. Lege und rechne.

a) 658 – 345   Ü: ____________

b) 473 – 122   Ü: ____________

c) 396 – 184   Ü: ____________

d) 857 – 526   Ü: ____________

	H	Z	E	
–				

3. Subtrahieren mit Übertrag: Male und rechne.

a) 815 – 693   Ü: ____________

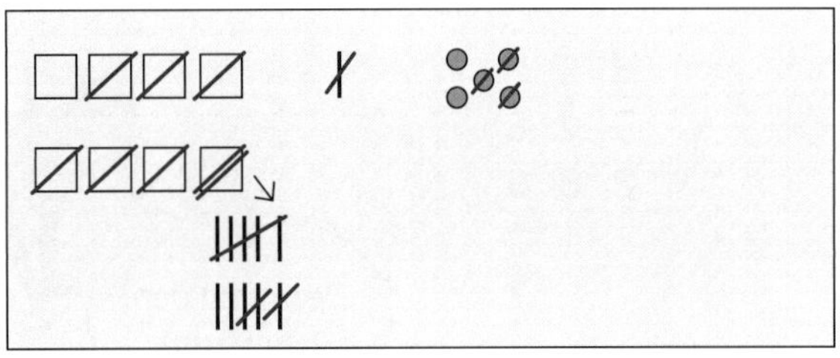

	7	11		
	~~8~~	~~1~~	5	
–	6	9	3	

b) 648 – 173   Ü: ____________

–				

4. Lege und rechne.

a) 431 – 217

b) 765 – 384

c) 594 – 426

d) 872 – 584

–				

E. Mirwald/B. Nitsch/R. Rink • Mathematikarbeitsblätter 3/4. Klasse | Illustrationen: Dorina Tessmann

Schriftliches Multiplizieren

Name: ______________________________

1. Überschlage und rechne.

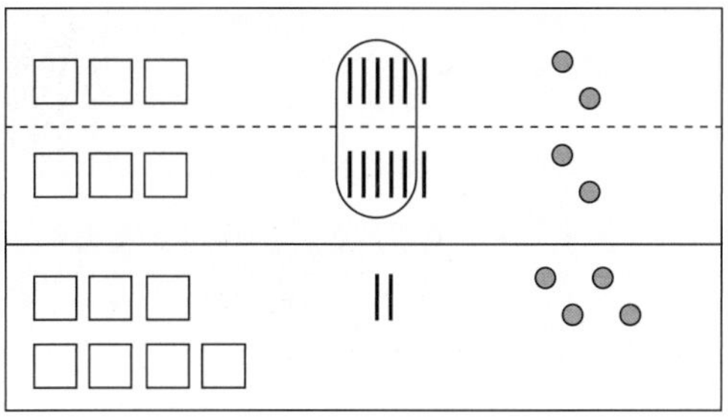

362 · 2   Ü: __________

H	Z	E		
3	6	2	·	2
		H	Z	E
		6	12	4

↓

		7	2	4

3	6	2	·	2

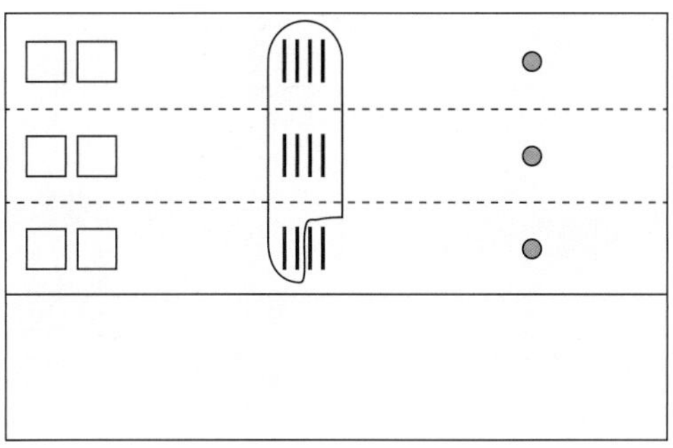

241 · 3   Ü: __________

H	Z	E		
2	4	1	·	3
		H	Z	E

↓

2	4	1	·	3

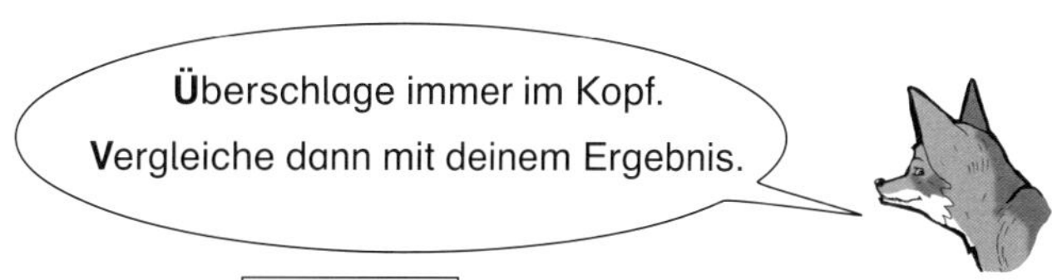

2. Rechne. Du kannst auch dazu legen.

a) 286 · 2   Ü: __________

b) 143 · 4   Ü: __________

c) 314 · 3   Ü: __________

d) 107 · 6   Ü: __________

e) 523 · 4   Ü: __________

f) 642 · 7   Ü: __________

E. Mirwald/B. Nitsch/R. Rink • Mathematikarbeitsblätter 3/4. Klasse | Illustrationen: Dorina Tessmann

Schriftliches Dividieren

Name: ______________________________

Die Klassen 3a, 3b und 3c der Grundschule am See gewinnen beim Literaturwettbewerb gemeinsam 753 € für die Anschaffung neuer Bücher für ihre Leseecken im Klassenraum. Wie viel Geld kann jede Klasse ausgeben? Leon legt mit Rechengeld und rechnet.

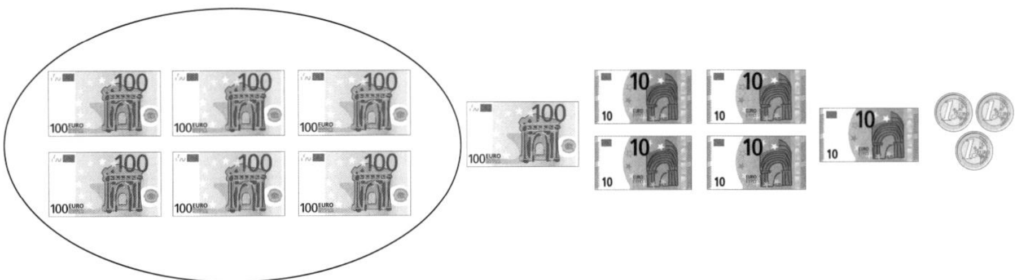

① 6 H : 3 = 2 H

H	Z	E				H	Z	E
7	5	3	:	3	=	2	5	1
6								
1	5		Jede Klasse kann 251 € für neue Bücher ausgeben.					
1	5							
	0	3						
		3						
		0						

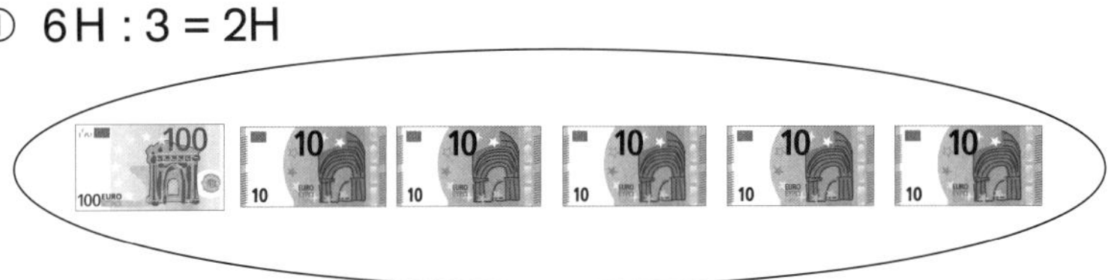

② 15 Z : 3 = 5 Z

③ 3 E : 3 = 1 E

1. Male und rechne.

436 : 2

H	Z	E			H	Z	E

2. Rechne.

785 : 5

976 : 4

E. Mirwald/B. Nitsch/R. Rink • Mathematikarbeitsblätter 3/4. Klasse | Illustrationen: Dorina Tessmann: Fuchs; Detlef Seidensticker/Deutsche Bundesbank: Geldscheine; Kristina Klotz: Bücherstapel; Cornelsen/Detlef Seidensticker/Deutsche Bundesbank/Luc Luycx aus Belgien: Euromünzen

Längendomino

Hinweis: Schneide die Karten nur an den durchgezogenen Linien aus.

400 dm	0,8 m	1,8 cm	Start
4 cm	2 500 m	31 dm	23 cm
0,04 m	2,5 km	310 cm	2,3 dm
400 m	40 mm	58 m	15 km
0,4 km	0,4 dm	5 800 cm	15 000 m
Ziel	40 m	8 dm	18 mm

KV 27 Messgeräte für Längen kennen

Schneide die einzelnen Felder aus. Sortiere zu jedem Bild den richtigen Begriff und die richtige Beschreibung. Klebe anschließend alles in der richtigen Reihenfolge in dein Heft.

Bild	Bezeichnung	Beschreibung
	Geodreieck	Dieses Messgerät dient der Vermessung von Strecken auf ebenem Boden. Man rollt es an einem kurzen Stiel nach vorne haltend entlang der Messstrecke. Die Ablesung zählt die ganzen Umdrehungen. Jede Umdrehung ist ungefähr einen Meter lang. Die Anzeige der abgefahrenen Strecke erfolgt mittels eines Zählwerks.
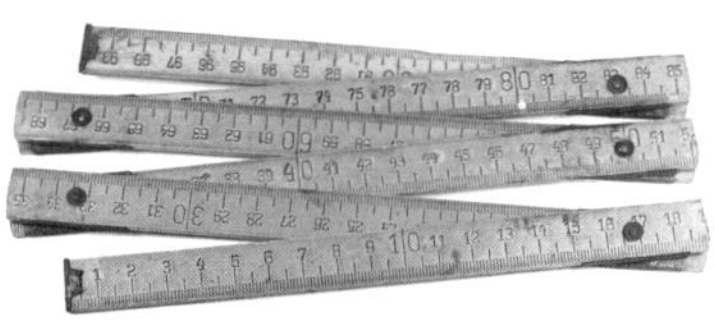	Opisometer	Dieses Messgerät ist eine Kombination aus Lineal und Winkelmesser. Es hat die Form eines gleichschenkligen Dreiecks. Heute ist es vor allem ein Hilfsmittel für den Zeichen- und Mathematikunterricht. Besonders in der Geometrie wird es zum Messen und Zeichnen von Winkeln genutzt.
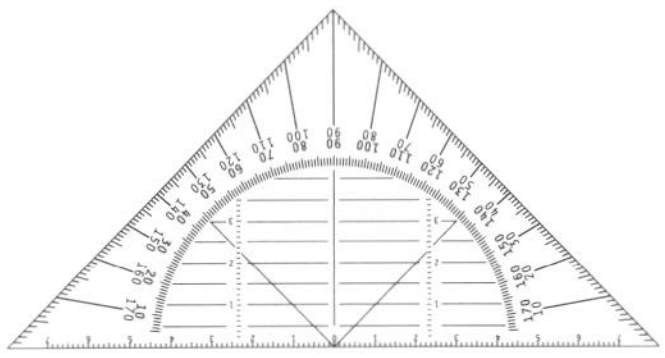	Glieder-maßstab	Dieses Messgerät wird dafür genutzt, um vor allem die Längen von kleinen Werkstücken besonders genau zu messen. Mit manchen Modellen kann man auch die Durchmesser von Bohrungen messen.
	Messschieber	Dieses Messgerät benötigt man, um Distanzen auf Landkarten zu messen. Es wird meist von Wanderern oder Radfahrern genutzt, um die geplante oder zurückgelegte Strecke zu ermitteln. Mit dem angebrachten Rollrädchen kann man in der Karte kurvige Stecken abfahren.
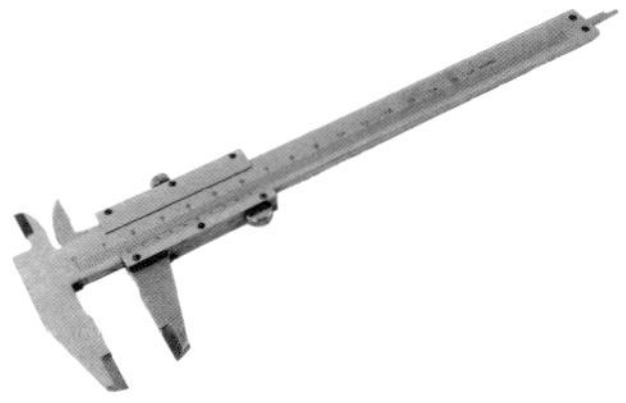	Messrad	Dieses Messgerät wird von vielen auch *Zollstock* genannt. Mit diesen Messgeräten kann man aber kein Zoll mehr messen, sondern Meter, Zentimeter und Millimeter. In der Regel reicht das Messgerät bis zu einer Länge von zwei Metern. Damit man es platzsparend verwahren kann, kann man es zusammenklappen.
	Tachometer	Dieses Messgerät dient zum Messen einer zurückgelegten Strecke mit dem Fahrrad. Es zeigt auch an, wie schnell man mit dem Fahrrad unterwegs ist, also wie viel Zeit man für das Zurücklegen einer bestimmten Strecke benötigt hat.
	Schneider-maßband	Dieses Messgerät ist meist aus Kunststoff und hilft, wenn man für das Nähen messen möchte. Es ist doppelseitig, auf der einen Seite sind die Einheiten in cm und auf der anderen Seite oft in *inch* angegeben. Inch ist eine Maßeinheit, die man beispielsweise in England nutzt.

E. Mirwald/B. Nitsch/R. Rink • Mathematikarbeitsblätter 3/4. Klasse | Fotos: Maßband: stock.adobe.com/manfredxy; Gliedermaßstab: stock.adobe.com/Björn Wylezich; Geodreieck: Shutterstock.com/phoelixDE; Tachometer: Imago Sportfotodienst GmbH/MITO; Messschieber: ddp images; Messrad: Science Photo Library/SCIENCE PHOTO LIBRARY; Opisometer: stock.adobe.com/StockPhotosArt

Zeitspannen-Domino

Hinweis: Schneide die Karten nur an den durchgezogenen Linien aus.

Karte	Oben	Unten
1	Start	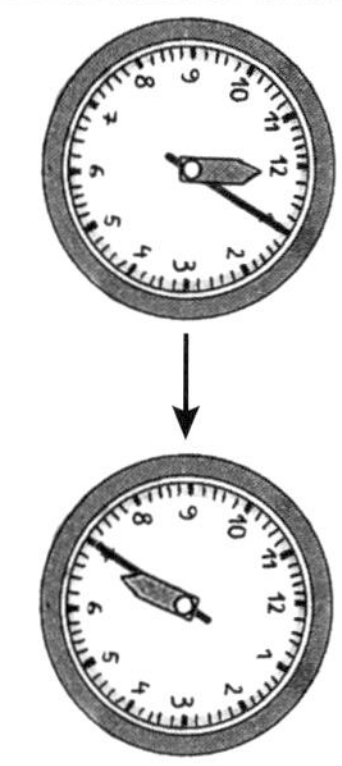 12:05 Uhr bis 18:35 Uhr
2	6 h 30 min	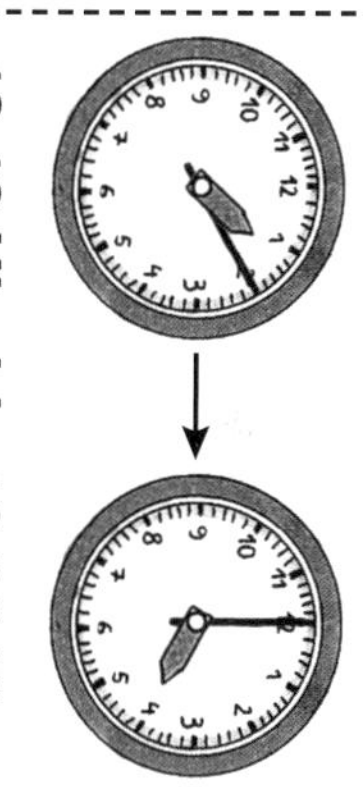 13:10 Uhr bis 16:00 Uhr
3	3 h 45 min	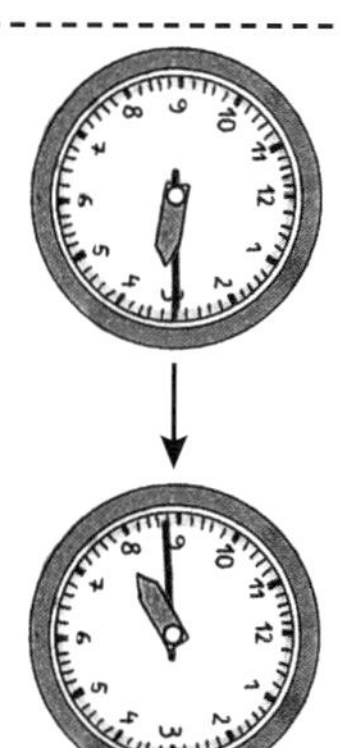 03:15 Uhr bis 07:44 Uhr
4	1 h 53 min	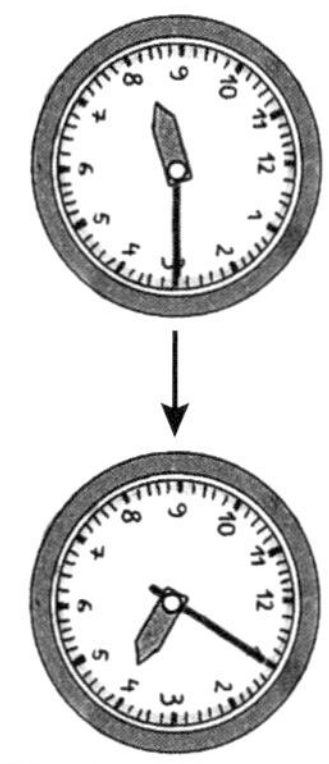 20:15 Uhr bis 04:05 Uhr
5	5 h 05 min	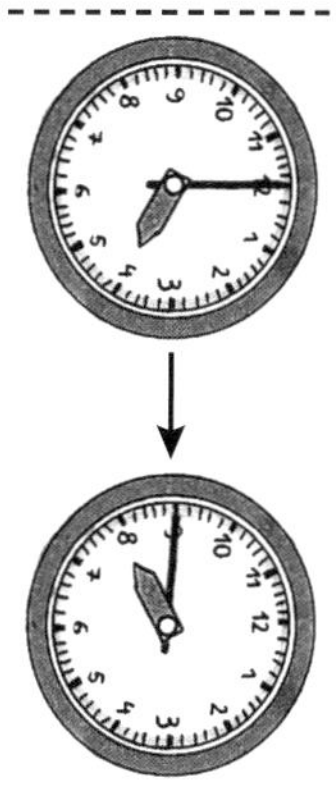 16:00 Uhr bis 19:45 Uhr
6	4 h 29 min	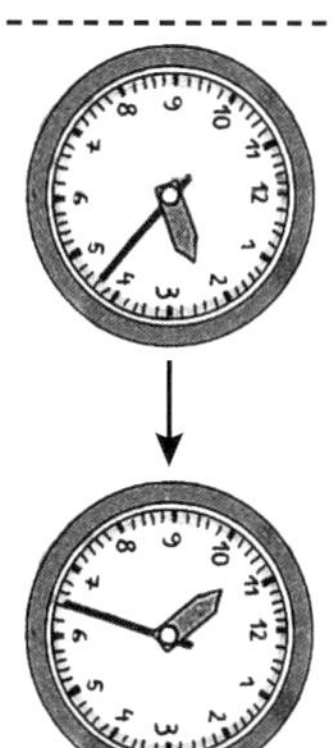 02:22 Uhr bis 10:32 Uhr
7	37 min	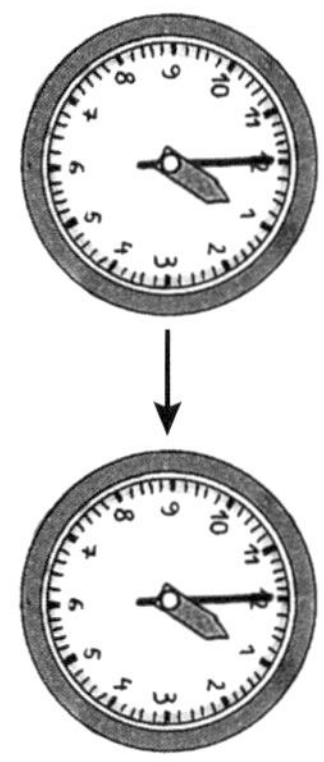 13:00 Uhr bis 13:00 Uhr
8	7 h 50 min	Ziel 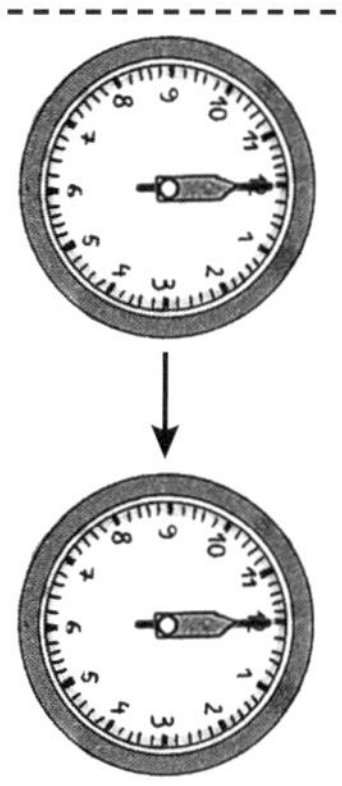
9	24 h	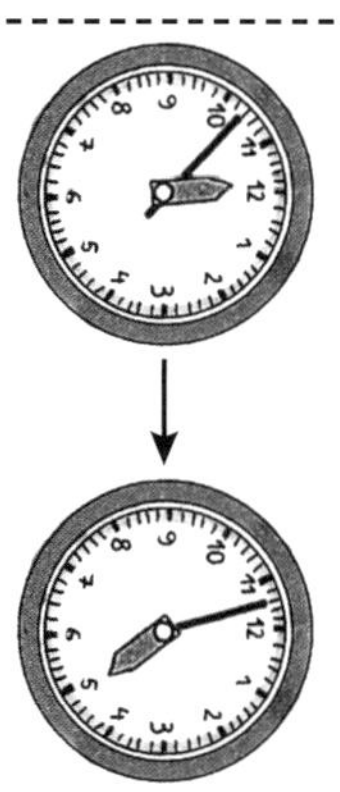 23:52 Uhr bis 04:57 Uhr
10	9 h 15 min	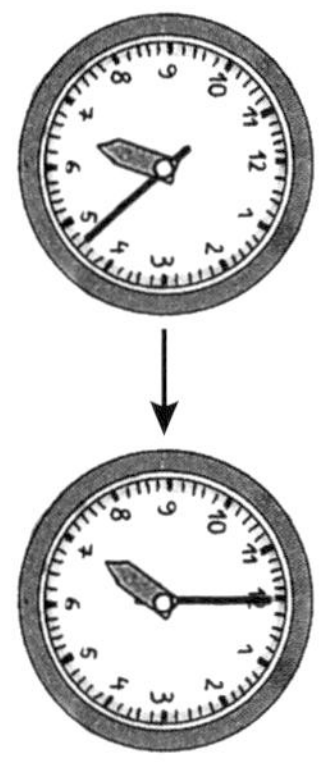 18:23 Uhr bis 19:00 Uhr
11	2 h 50 min	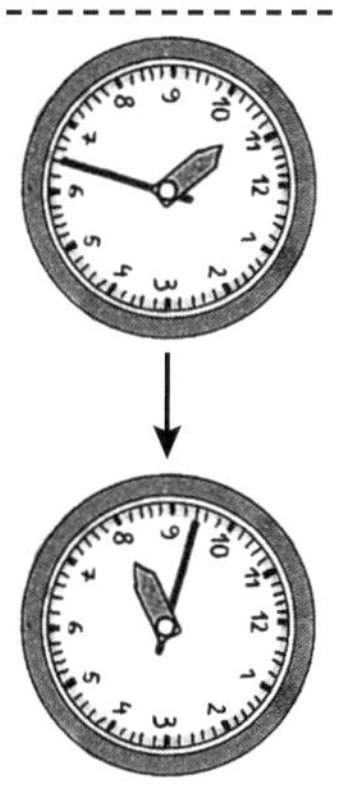 10:32 Uhr bis 19:47 Uhr
12	8 h 10 min	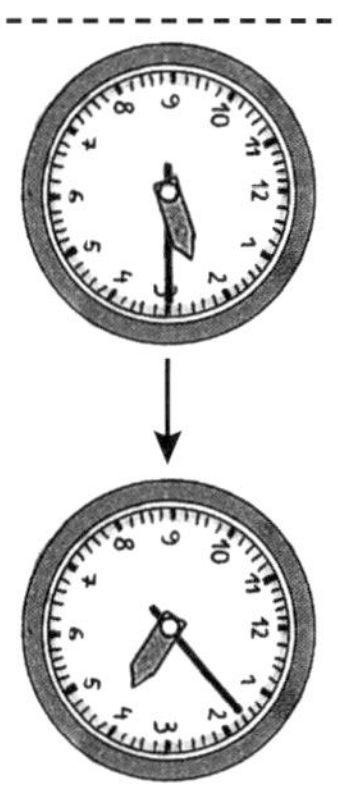 14:15 Uhr bis 16:08 Uhr

E. Nirwald/B. Nitsch/R. Rink • Mathematikarbeitsblätter 3./4. Klasse | Illustrationen: Kristina Klotz

Zeitdauern mit einem Pendel messen

Name: ______________________________

Material:
- Faden
- Stein
- Stoppuhr

1. Baut euch zu zweit ein Pendel:
   a) Schneidet einen Faden mit der Länge 10 cm ab.
   b) Bindet an ein Ende des Fadens den Stein.
   c) Haltet den Faden am oberen Ende fest und setzt das Pendel in Bewegung.
   d) Beobachtet, wie das Pendel hin- und herschwingt.

2. **Vermutet**, wie viele Sekunden das Pendel für 10 Schwingungen braucht. Vermutet erst und überprüft im Anschluss mithilfe einer Stoppuhr.

   Unsere Vermutung: *Das Pendel braucht für 10 Schwingungen ____________ Sekunden.*

3. Tragt in die Tabelle ein. Wie verändert sich die Zeit, wenn ihr den Faden auf 20 cm verlängert? Führt das Experiment durch. Verlängert den Faden auf 40 cm und 50 cm.

Fadenlänge	10 cm	20 cm	40 cm	50 cm
Sekunden für 10 Schwingungen	sec			

4. Füllt den Merkkasten aus. Verwendet dabei folgende Begriffe:
   kürzer *weniger* *mehr*

Je länger das Pendel ist,
desto ______________________ Zeit braucht es für 10 Schwingungen.
Je ______________________ das Pendel ist,
desto ______________________ Zeit braucht es für 10 Schwingungen.

E. Mirwald/B. Nitsch/R. Rink • Mathematikarbeitsblätter 3./4. Klasse | Illustrationen: Dorina Tessmann; Fotos: Stein: Shutterstock.com/Bragin Alexey;
Schnur: Shutterstock.com/Tavarius; Stoppuhr: Shutterstock.com/dnd_projec; Junge: Roland Rink

Zeitspannen: Kann das stimmen?

Name: ______________________________

1. Lies dir die Sprechblasen durch. Können die Aussagen stimmen? Kreuze an. Begründe, ob die Aussagen wahr sein können oder nicht.

Ein Tag hat 45 Stunden.

☐ Ja ☐ Nein

____

____

____

Mein Vater arbeitet 19 Stunden am Tag.

☐ Ja ☐ Nein

____

____

____

Für den Weg nach Hause brauche ich eine Minute.

☐ Ja ☐ Nein

____

____

____

Ich brauche 20 Minuten für mein Abendessen.

☐ Ja ☐ Nein

____

____

____

Ich kann unter Wasser 5 Minuten die Luft anhalten.

☐ Ja ☐ Nein

____

____

____

Meine Lieblingssendung dauert 45 Minuten.

☐ Ja ☐ Nein

____

____

____

Von der Schule in die Stadt zu laufen dauert 15 Minuten.

☐ Ja ☐ Nein

____

____

____

KV 31

Messgeräte für Zeit kennen

Schneide die einzelnen Felder aus. Sortiere zu jedem Bild den richtigen Begriff und die richtige Beschreibung. Klebe anschließend alles in der richtigen Reihenfolge in dein Heft.

Bild	Bezeichnung	Beschreibung
	Sonnenuhr	Diese Uhr ist ein einfaches, seit dem Mittelalter bekanntes Messgerät zur Bestimmung von Zeitspannen. Die ältesten dieser Uhren bestanden aus zwei Glaskolben, die an ihrem schmalen Hals miteinander verbunden waren. Vom oberen Kolben rieselte Sand in den unteren Kolben.
	Sanduhr	Diese Uhr ist ein Wecker, den man gerne in der Küche nutzt. Mit ihr kann man kurze Zeiträume messen. Wenn die Uhr abgelaufen sind, klingelt es. Man kann verschiedene Zeiten durch Drehen einstellen. Dann läuft die Zeit ab wie bei einem Countdown.
	Eieruhr	Diese Uhr zeigt mithilfe des Standes der Sonne am Himmel die Zeit innerhalb des Tages. Als Zeiger dient meistens der linienförmige Sonnenschatten eines parallel zur Erdachse ausgerichteten Stabes. Der Schatten dreht sich während des Tages auf dem mit Stunden skalierten Ziffernblatt um den Befestigungspunkt des Stabes.
	Wecker	Diese Uhr gehört zu den kleinen Uhren, um Zeitpunkte abzulesen. Sie wird mit einer Spange oder einem Armband um das Handgelenk getragen. Diese Uhren gibt es erst seit 150 Jahren. Vorher hatte man eher Taschenuhren.
	Stoppuhr	Diese Uhr ist eine Uhr, die die Uhrzeit durch Ziffernwechsel direkt anzeigt. Sie unterscheidet sich damit von einer Analoguhr, die zur Darstellung der Zeit üblicherweise bewegliche Uhrzeiger auf einem feststehenden Ziffernblatt verwendet. Erste Digitaluhren gibt es bereits seit 200 Jahren.
	Digitaluhr	Dies ist eine Uhr, die zu einer zuvor einzustellenden Uhrzeit aus dem Schlaf wecken oder an einen bestimmten Termin erinnern soll. Dies geschieht meist durch ein Klingeln oder durch Musik. Die ältesten erhalten gebliebenen Uhren dieser Art sind Wanduhren, die den Turmwächtern den Einsatz zum Schlagen der Kirchenglocken gaben.
	Armbanduhr	Mit diesem Zeitmesser misst man kurze Zeitspannen z.B. bei Sportwettkämpfen. Man drückt einen Knopf, ab dann dreht sich bei analogen Modellen der Zeiger und misst Sekunden. Eine Umdrehung des Zeigers bedeutet eine Minute. Wenn man noch einmal auf den Knopf drückt, stoppt man den Zeitmesser und kann die Zeitspanne ablesen.

E. Mirwald/B. Nitsch/R. Rink • Mathematikarbeitsblätter 3/4. Klasse | Fotos: Digitaluhr: Shutterstock.com/Anthony Berenyi; Stoppuhr: Shutterstock.com/dnd_project; analoge Armbanduhr: Shutterstock.com/L Mirror; Eieruhr: stock.adobe.com/fefufoto; Wecker: Shutterstock.com/Boxyray; Sonnenuhr: Flonline/Westend61/EJW; Sanduhr: Shutterstock.com/koya979

Experimente mit Knetfiguren

Name: ______________________________

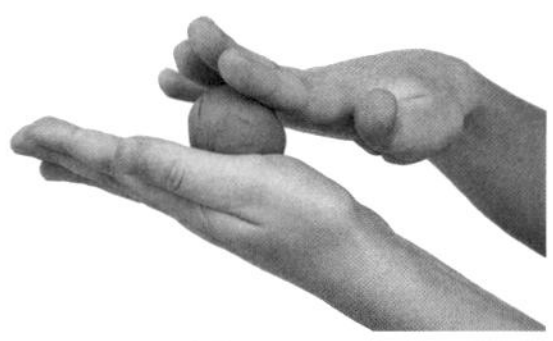

Knete

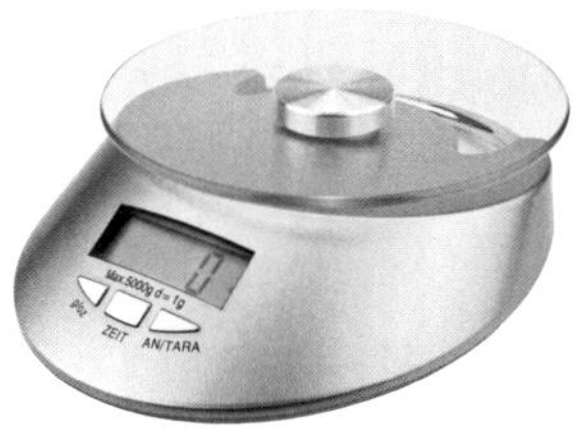

1. Erstelle mithilfe der Waage zwei gleich schwere Knetkugeln.

2. a) Forme aus einer Kugel eine Knetwurst.
   b) Was vermutest du? Sind die Kugel und die Wurst gleich schwer?
   Kreuze an: ❍ ja ❍ nein
   c) Überprüfe, ob deine Vermutung richtig war.
   Kreuze an: ❍ ja ❍ nein
   d) Warum ist das so?

____

____

3. a) Forme aus der Wurst eine Knetschnecke.
   b) Was vermutest du? Sind die Kugel und die Schnecke gleich schwer?
   Kreuze an: ❍ ja ❍ nein
   c) Überprüfe, ob deine Vermutung richtig war.
   Kreuze an: ❍ ja ❍ nein
   d) Warum ist das so?

____

____

4. a) Wickle die Knetschnecke wieder zu einer Wurst auf und zerlege die Wurst in mehrere kleine Stückchen.
   b) Was vermutest du? Sind alle kleinen Stückchen der Knetwurst zusammen so schwer wie die Knetkugel?
   Kreuze an: ❍ ja ❍ nein
   c) Überprüfe, ob deine Vermutung richtig war.
   Kreuze an: ❍ ja ❍ nein
   d) Warum ist das so?

____

____

E. Mirwald/B. Nitsch/R. Rink • Mathematikarbeitsblätter 3./4. Klasse | Illustrationen: Dorina Tessmann: Fuchs, Anna-Lena Kühler: Knete;
Fotos: Knete: Shutterstock.com/krolya25, Waage: stock.adobe.com/Rokfeler

Maßeinheiten für Gewichte

Name: ______________________

1. Ein Baby wird geboren.
   Welches der angegebenen Gewichte kann das Gewicht des Babys bei der Geburt sein?
   Kreuze an. Es können auch mehrere Antworten richtig sein.

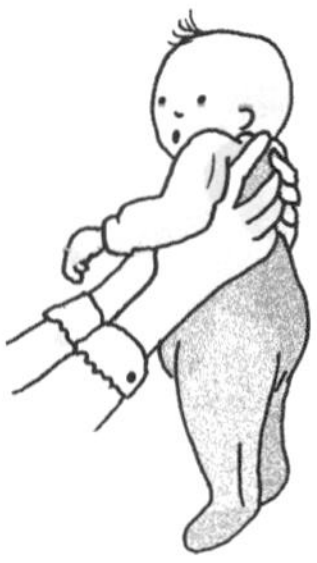

○ 39 kg	○ 39 g	○ 3 900 g
○ 3,900 kg	○ 390 g	○ 6 kg

Finde für zwei Maßangaben, die du nicht angekreuzt hast, passende Beispiele:

____

____

____

2. Ein Mann trägt einen schweren Koffer.
   Welches der angegebenen Gewichte kann das Gewicht des Koffers sein? Kreuze an.
   Es können auch mehrere Antworten richtig sein.

○ 250 g	○ 25 000 g	○ 25 g
○ 60 kg	○ 25 kg	○ 2 500 g

Finde für zwei Maßangaben, die du nicht angekreuzt hast, passende Beispiele:

____

____

____

3. Herr Meier fährt einen voll beladenen LKW. Welches der angegebenen Gewichte kann das Gewicht des LKW sein?
   Kreuze an. Es können auch mehrere Antworten richtig sein.

○ 1 t	○ 750 kg	○ 7,5 t
○ 75 000 kg	○ 7 500 kg	○ 75 t

Finde für zwei Maßangaben, die du nicht angekreuzt hast, passende Beispiele:

____

____

____

E. Mirwald/B. Nitsch/R. Rink • Mathematikarbeitsblätter 3./4. Klasse | Illustrationen: Dorina Tessmann, außer: Baby: Kristina Klotz

Das Gewicht von Gegenständen schätzen

Name: ____________________

1. Deine Merkhilfe für das Gewicht. Finde für die Gewichtsangaben Beispiele und ergänze die Tabelle.

Gewichtsangabe	Beispiel
1 g	
100 g	
250 g	
500 g	*Packung Spaghetti*
1 kg	

Gewichtsangabe	Beispiel
10 kg	
35 kg	

Eine Packung Spaghetti ist 500 g schwer.
Es fühlt sich so an, dass mein Mathebuch fast genauso viel wiegt.

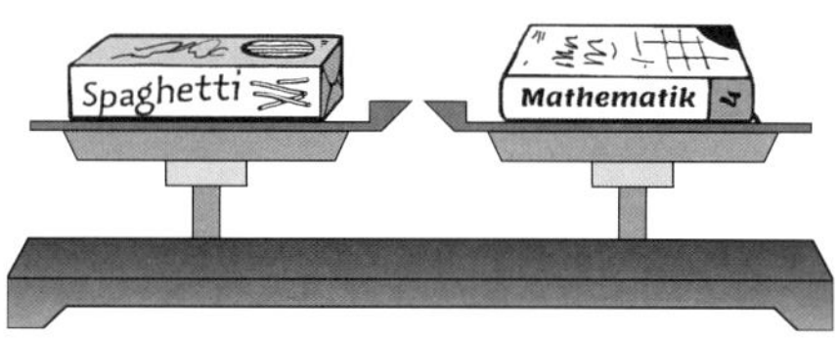

2. Suche Gegenstände und schätze deren Gewicht mithilfe deiner Merkhilfen. Überprüfe den Schätzwert anschließend mit einer Waage.

Gegenstand	Schätzwert	Merkhilfe	Messwert
Mathebuch	Etwas weniger als 500 g	Packung Spaghetti	480 g

E. Mirwald/B. Nitsch/R. Rink • Mathematikarbeitsblätter 3./4. Klasse | Illustrationen: Dorina Tessmann, außer: Waage: Stefan Giertzsch

KV 35

Messgeräte für Gewichte kennen

Schneide die einzelnen Felder aus. Sortiere zu jedem Bild den richtigen Begriff und die richtige Beschreibung. Klebe anschließend alles in der richtigen Reihenfolge in dein Heft.

Bild	Bezeichnung	Beschreibung
	Küchen-waage	Diese Waagen ermitteln das Gewicht von Fahrzeugen und deren Beladung. Da man weiß, was ein Fahrzeug wiegt, wenn es leer ist, kann man so ausrechnen, wie viel ein Fahrzeug geladen hat.
	Tafel-waage	Diese Waage ist eine Waage, die zur Abmessung von Zutaten für Speisen genutzt wird. Sie kommt vor allem dann zum Einsatz, wenn für das Gelingen von Speisen bestimmte Mengen wie z. B. Mehl, Zucker und Butter in einem bestimmten Verhältnis gemischt werden müssen und ein bloßes Abschätzen nicht ausreicht.
	Personen-waage	Diese Waage ist eine Wiegevorrichtung. Mit ihr bestimmt man ein unbekanntes Gewicht durch den direkten Vergleich mit einem Gewicht, von dem man weiß, wie schwer es ist.
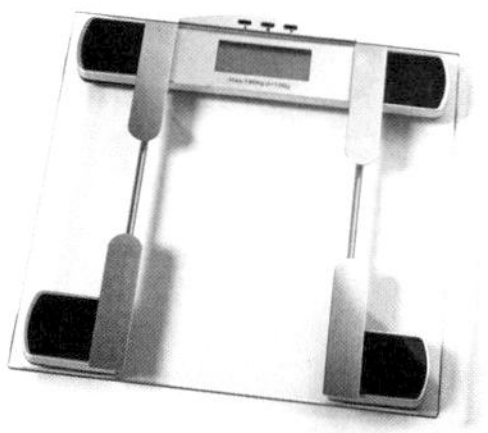	Fahrzeug-waage	Mit dieser Waage kann man herausfinden, wie schwer ein Brief ist. Je schwerer ein Brief ist, desto teurer wird es, ihn zu verschicken. Mit ihr kann man sehr leichte Gegenstände messen.
	Brief-waage	Diese Waage ist ein handliches Instrument zur Gewichtsmessung von Gegenständen. Besonders häufig wird sie genutzt, um das Gewicht von Koffern zu bestimmen. Das ist besonders auf Flugreisen wichtig, weil das Gepäck nicht zu schwer sein darf.
	Kofferwaage	Mit dieser Waage kann man das Körpergewicht eines Menschen bestimmen. Das Messergebnis wird oft durch eine digitale Anzeige angezeigt. Es gibt aber auch analoge Anzeigen. Die Untergrenze liegt meist bei 4 kg und die Obergrenze bei 130 kg.

E. Mirwald/B. Nitsch/R. Rink • Mathematikarbeitsblätter 3./4. Klasse | Fotos: Tafelwaage: stock.adobe.com/womue; Fahrzeugwaage: Shutterstock.com/bit mechanic; digitale Küchenwaage: stock.adobe.com/Rokfeler;
Personenwaage: stock.adobe.com/TASPP; Kofferwaage: stock.adobe.com/mreco; Briefwaage: stock.adobe.com/hd-design

Da passt sicherlich viel mehr hinein, oder?

Name: ______________________________

1. Stellt ähnliche Gefäße wie oben gezeigt zusammen. Wählt dann ein größeres Gefäß aus, von dem ihr wissen wollt, wie viel Wasser hineinpasst. Nutzt zum Messen die kleineren Gefäße. Tragt die Messergebnisse in die Tabelle ein. Ihr könnt die Gefäße malen oder die Namen aufschreiben.

Gefäß	Wie viele Gefäße voll Wasser passen hinein?
Blumentopf	 *9 Tassen* *4 Eierbecher*

2. Vergleicht immer zwei Gefäße miteinander. In welches Gefäß passt mehr hinein? Ihr könnt dazu malen oder schreiben. Kreuzt das Gefäß an, in das mehr hineinpasst.

a)  X und    b) ____________ und ____________

c) ____________ und ____________   d) ____________ und ____________

e) ____________ und ____________   f) ____________ und ____________

3. In welches Gefäß passt das meiste Wasser? Schreibt oder malt es geordnet auf. Beginnt mit dem größten Gefäß.

E. Mirwald/B. Nitsch/R. Rink • Mathematikarbeitsblätter 3./4. Klasse | Illustrationen: Liliane Oser, außer: Vase, Töpfe: Kristina Klotz; Eierbecher, Eimer: Dorina Tessmann

Schachteln bauen

Name: ______________________________

Du brauchst: Schere, Klebeband und Holzwürfel (Kantenlänge 1 cm, z. B. die 1er-Würfel vom Dienes-Material)

1. Wie viele Würfel passen in jede Schachtel? Überlege zuerst und prüfe dann durch Nachbauen. Schneide das Schachtelnetz aus und klebe es mit Klebeband zu einer Schachtel zusammen. Stapel dann die Würfel hinein.

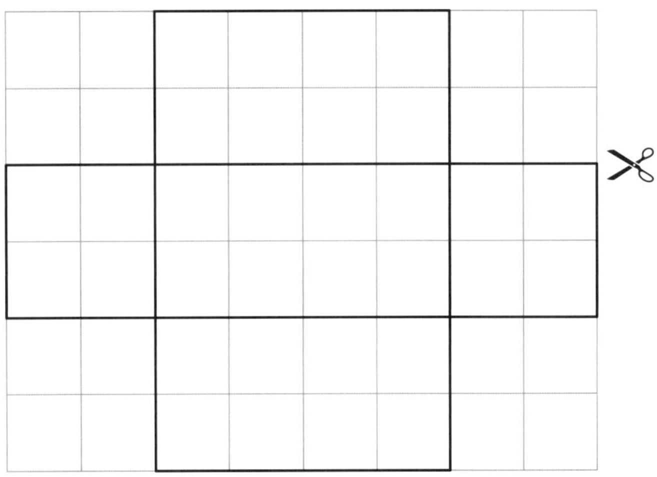

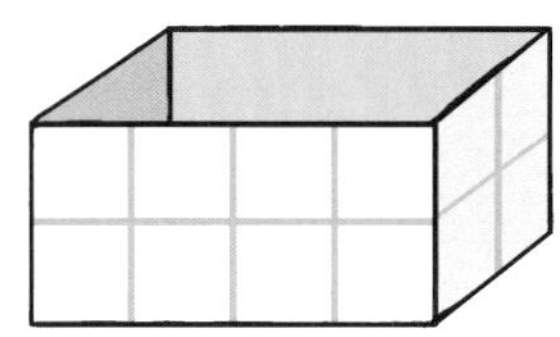

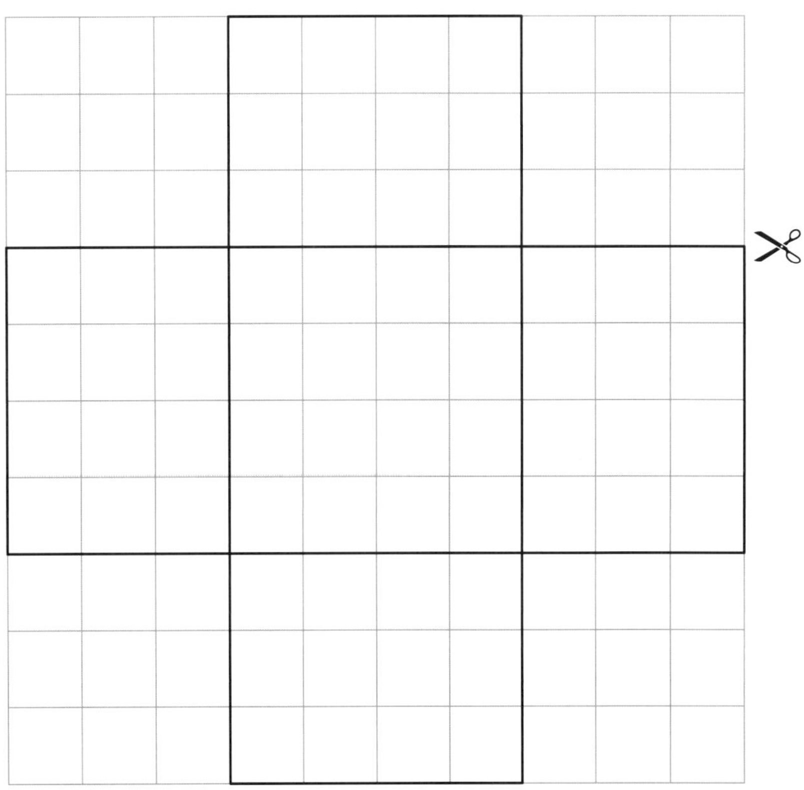

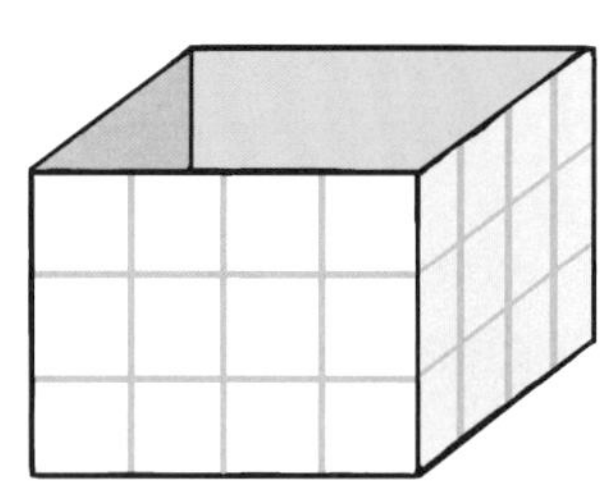

2. **Partnerarbeit:** Nimm einen Bogen Karopapier. Zeichne zwei eigene Schachtelnetze. Achtung: 4 Karos ergeben ein Quadrat. Dein Partner/deine Partnerin soll überlegen, wie viele Würfel in die Schachtel passen. Bastelt anschließend die Schachtel und probiert durch Nachbauen.

Messgeräte für Rauminhalte kennen

Schneide die einzelnen Felder aus. Sortiere zu jedem Bild den richtigen Begriff und die richtige Beschreibung. Klebe anschließend alles in der richtigen Reihenfolge in dein Heft.

Bild	Bezeichnung	Beschreibung
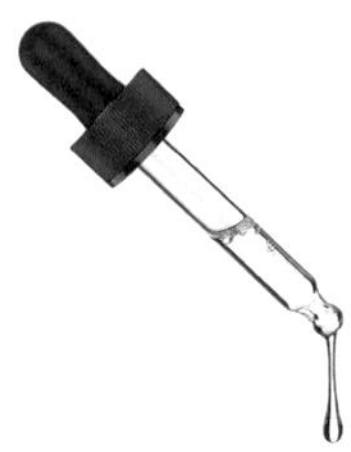	Dosierhilfe	Dieses Messgerät zeigt das Volumen der durchgeflossenen Wassermenge an. Jedes Haus und jede Wohnung hat ein solches Gerät. Damit kann man am Jahresende ablesen, wie viel Wasser verbraucht wurde, z. B. für die Dusche oder die Toilette.
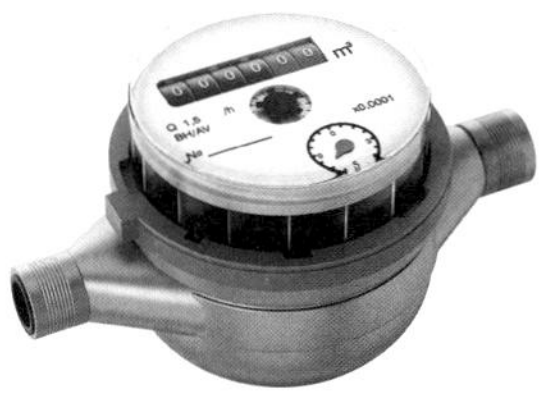	Pipette	Dieses Messgerät dient zur korrekten Abmessung von Waschmittel. Es gibt sie für flüssige und feste Sorten. Wenn man zu viel Waschmittel verwendet, ist das nicht gut für die Umwelt.
	Wasserzähler	Dieses Messgerät ist ein Laborgerät zum Dosieren von Flüssigkeiten. Es gibt aber auch Medikamente, für die man dieses Messgerät braucht, damit man nicht zu viel nimmt, z. B. Nasentropfen. Durch das Zusammendrücken des Gummiendes, kann man tropfengenau dosieren.
	Akkuanzeige	Dieses Messgerät zeigt an, wie viel Kraftstoff man in sein Auto oder in sein Motorrad getankt hat. Neben einer Anzeige für die getankte Literanzahl gibt es auch eine Anzeige, die angibt, wie viel man für die getankte Menge bezahlen muss. Viele Erwachsene bekommen beim Anblick dieser Anzeige schlechte Laune!
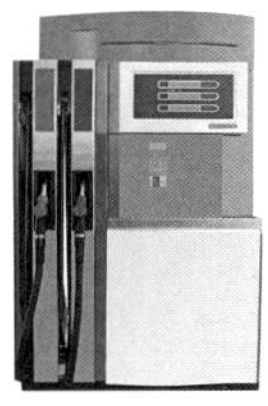	Messbecher	Da sich viele Menschen nicht so richtig vorstellen können, wie viel Spannung noch in einem Handyakku enthalten ist, hat man sich diese Anzeige ausgedacht. Sie vermittelt recht anschaulich, welche Leistung ein Akku noch besitzt. Aber wenn man es ganz genau nimmt, wird damit kein Volumen, sondern eine Restspannung gemessen und angezeigt.
	Tanksäule	Dieses Gerät wird auch *Litermaß* genannt. Man braucht es zum Abmessen von Flüssigkeiten und Lebensmitteln. Es kann aus Plastik, Glas oder Metall sein. Die Geräte sind entweder kegelförmig oder haben eine zylindrische Form. Zylindrische Messgeräte haben den Vorteil, dass man mit ihnen leichter kleine Mengen abmessen kann.

E. Mirwald/B. Nitsch/R. Rink • Mathematikarbeitsblätter 3/4. Klasse | Fotos: Pipette: Shutterstock.com/vipman; Wasserzähler: Panther Media GmbH/Alexander Romanov; Dosierhilfe: stock.adobe.com/emuck;
Messbecher: stock.adobe.com/womue; Zapfsäule: stock.adobe.com/Dmitry Vereshchagin; Ladegerät: stock.adobe.com/radeboj11

Das Säulenexperiment

Name: ______________________________

Fragestellung: Passt in eure gebastelten Zylinder gleich viel Sand hinein?

Material:
- zwei gleich große Blätter Papier (DIN A4)
- eine Kiste
- ein Messbecher oder eine Küchenwaage
- eine Tüte Vogelsand (oder Erbsen)
- Klebeband
- Schere

Durchführung (Partnerarbeit):

1. Formt aus jedem Blatt einen Quader wie auf dem Bild. Beachtet dabei, dass die Kanten nicht überlappen. Klebt jeden Quader mit Klebeband zusammen.

Faltet das eine Blatt über die längere Seite (lange Röhre) zweimal. Macht das Gleiche auch mit dem anderen Blatt. Nur hier über die kürzere Seite.

2. a) **Vermutet:** Passt in beide Säulen gleich viel Sand oder gleich viele Erbsen?
   ☒ Kreuzt an: ❍ ja oder ❍ nein
   b) Könnt ihr euch vorstellen, warum das so ist? Notiert eure Ideen.
   ____
   ____

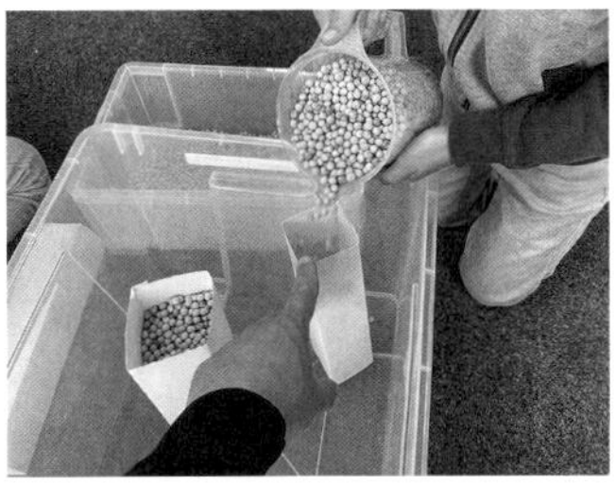

3. a) Stellt die Säulen jeweils in eine Kiste und füllt sie bis oben hin.
   b) Messt dann, wie schwer der Sand oder die Erbsen in jeder Röhre sind.
   Notiert euer **Messergebnis**: ____ g (kürzere Säule) ____ g (längere Säule)

4. **Vergleicht** eure Vermutungen mit euren Messergebnissen. Was stellt ihr fest?
   ____
   ____

5. Vergleicht die beiden quaderförmigen Röhren miteinander.
   Was haben sie gemeinsam? Worin unterscheiden sie sich? ☒ Kreuzt an

Merkmal	Gemeinsamkeit	Unterschied
Größe des Papiers		
Höhe der Säule		
Größe der Standfläche		

Welches Merkmal ist für die unterschiedlichen Messergebnisse besonders wichtig?

E. Mirwald/B. Nitsch/R. Rink • Mathematikarbeitsblätter 3/4. Klasse | Illustrationen: Dorina Tessmann; Fotos: Roland Rink

Mein Hund Bello

Name: ______________________________

1. Bello ist Maras kleiner, mutiger Hund.

a) Welche Angabe passt zu welcher Frage? Verbinde.

Bello ist vier Jahre alt. Mein Papa sagt: „Ein Hundejahr sind 7 Menschenjahre.“	Wie schwer ist Bello? **Antwort:** Bello ist _______kg schwer.
Unsere Katze Mausi ist 2 500 g schwer. Bello ist dreimal so schwer wie Mausi.	Wie hoch ist Bello? **Antwort:** Bello ist _______cm hoch.
Nachbars Schäferhund hat eine Schulterhöhe von 66 cm. Bello ist nur halb so hoch.	Wie lange schläft Bello am Tag? **Antwort:** Bello schläft _______h am Tag.
Bello schläft am Tag doppelt so lang wie ich. Ich schlafe 8 h am Tag.	Wie viele Menschenjahre wäre Bello alt? **Antwort:** Bello wäre_______ Jahre alt.

b) Rechne. Ergänze die Antwortsätze.

2. Erfinde eine eigene Frage zu einem anderen Haustier.
Schreibe dazu sinnvolle Angaben, die beim Lösen helfen.

Frage: ______________________________

____

Antwort: ______________________________

____

Angaben zur Frage: ______________________________

____

____

E. Mirwald/B. Nitsch/R. Rink • Mathematikarbeitsblätter 3/4. Klasse | Illustrationen: Dorina Tessmann

Hänsel- und Gretel-Fragen

Name: ______________________________

1. Lies den Text und die Fragen.

A
Wie viele Pfefferkuchen sind an einer Hauswand angebracht? ◯

B
In welchen Pfefferkuchen finden Hänsel und Gretel Rosinen? ◯

C
Wie viele Schokoladenpfefferkuchen finden Hänsel und Gretel? ◯

Die Hexe Kauka hat Pfefferkuchen an ihr Hexenhaus geklebt. Auch die Fensterläden und die Tür sind mit leckeren Pfefferkuchen bedeckt.

Hänsel und Gretel zählen an jeder Hauswand die Pfefferkuchen.

Es sind insgesamt 480 Stück.

Davon ist die Hälfte aus Schokolade.

Auf beiden Dachseiten zählen sie insgesamt 150 Pfefferkuchen mit köstlichen Nüssen.

D
Wie viele Pfefferkuchen zählen sie auf einer der beiden Dachseiten? ◯

E
Wie viele Pfefferkuchen zählen die Kinder an allen Hauswänden und auf dem Dach? ◯

F
Wie schmecken die Pfefferkuchen vom Schornstein? ◯

2. Kreuze an, welche Fragen du mithilfe der Angaben beantworten kannst.

3. Beantworte die Fragen.

4. Schreibe selbst eine Frage auf.

____

____

____

E. Mirwald/B. Nitsch/R. Rink • Mathematikarbeitsblätter 3/4. Klasse | Illustrationen: Dorina Tessmann

Rentier-Geschichten

Name: ____________________

1. Milo besuchte während der Sommerferien mit seinen Eltern die nordischen Länder Europas. Besonders begeistert war er von den Rentieren. Ständig musste sein Vater mit dem Auto halten, weil die Rentiere meist gemütlich von der einen zur anderen Straßenseite liefen. Milo fand die folgenden Informationen zu Rentieren heraus:

Rentiere können 130 bis 220 cm lang und etwa 60 bis 315 kg schwer werden. Ihre Schulterhöhe beträgt ungefähr 80 bis 150 cm.

Das Sommerfell ist meist dunkelbraun. Das Winterfell ist oft viel heller.

Rentiere werden 12 bis 15 Jahre alt. Einige werden auch älter.

Zeichne ein Rentier in den leeren Rahmen.

Oft sind die Tiere im Besitz der Bevölkerung. In Norwegen werden rund 240 000 Tiere in Herden gehalten.
Es gibt aber auch wild lebende Tiere. Von den rund 20 000 wild lebenden Rentieren leben die meisten in Südnorwegen.

Mein Rentierbild

Die Männchen und die Weibchen tragen ein Geweih. Die Geweihe der Männchen können bis zu 150 cm lang werden. Die Geweihe der Weibchen sind mit einer Länge von 20 bis 50 cm viel kleiner und auch weniger verzweigt.

Mit zwei Jahren kann ein weibliches Rentier das erste Mal eigene Junge bekommen.

Nach einer Tragezeit von etwa 230 Tagen bringt das weibliche Rentier Mitte Mai ein Junges zur Welt. Sehr selten sind es zwei Jungtiere.

2. Formuliere zu den Informationen zwei sinnvolle Fragen, mit denen du rechnen kannst.

____

____

____

3. Wähle mindestens eine deiner Fragen aus und beantworte diese.

E. Mirwald/B. Nitsch/R. Rink • Mathematikarbeitsblätter 3/4. Klasse | Illustrationen: Dorina Tessmann

Flüsse in Deutschland

Name: ______________________

Ari und Ayse beschäftigen sich im Unterricht mit Flüssen, die durch Deutschland fließen. Sie haben ein Plakat erstellt:

Flüsse in Deutschland

Elbe	1 094 km	Havel	325 km	Schwarze Elster	179 km	Saale	413 km
Rhein	1 233 km	Weser	452 km	Oder	840 km	Main	525 km
Mosel	544 km	Spree	400 km	Donau	2 857 km	Neckar	362 km

Um die Länge der Flüsse zu vergleichen, haben sie die Idee, dazu **Rechenbäume** zu zeichnen.

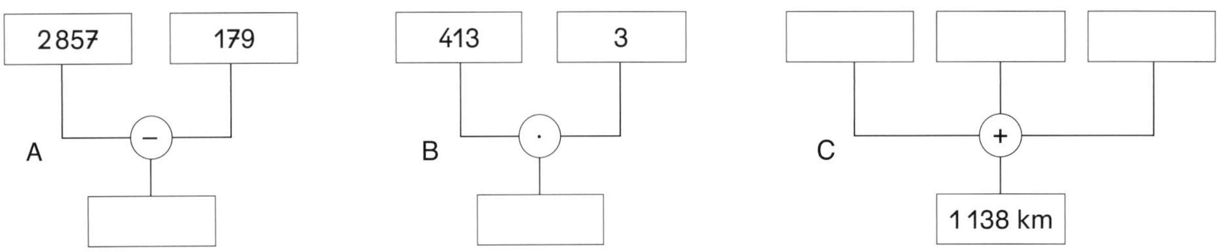

1. Welcher Rechenbaum passt zu welcher Frage? Ordne die Buchstaben zu und antworte.

☐	☐	☐
Welcher Fluss ist ungefähr dreimal so lang wie die Saale?	Um wie viele Kilometer ist der längste Fluss länger als der kürzeste?	Welche drei Flüsse sind zusammen ungefähr so lang wie der Rhein?
Antwort: __________	Antwort: __________	Antwort: __________

2. Schreibe eine eigene Frage zu den Flüssen auf. Zeichne dazu einen Rechenbaum.

Meine Frage:

____

____

____

Mein Rechenbaum:

3. Anton malt zu dem Plakat **Pfeilbilder**.
Ergänze die Pfeilbilder.

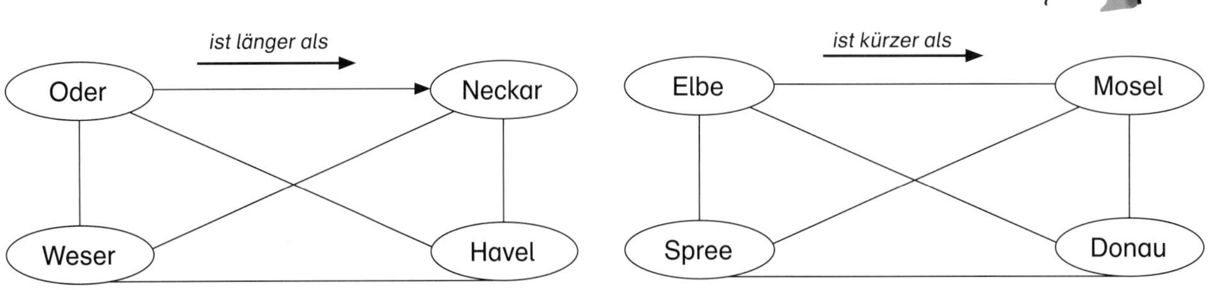

E. Mirwald/B. Nitsch/R. Rink • Mathematikarbeitsblätter 3/4. Klasse | Illustrationen: Dorina Tessmann

Wegskizzen können helfen

Name: ______________________________

1. Tim ist bei Elena zum Geburtstag eingeladen. Von zu Hause benötigt er für den Fußweg 45 Minuten (min). Elena hat eine Wegskizze für Tim erstellt.
   a) Finde heraus, welchen Weg Tim gelaufen ist. Male diesen Weg rot an.
   b) Finde den längsten Weg und male diesen blau an.

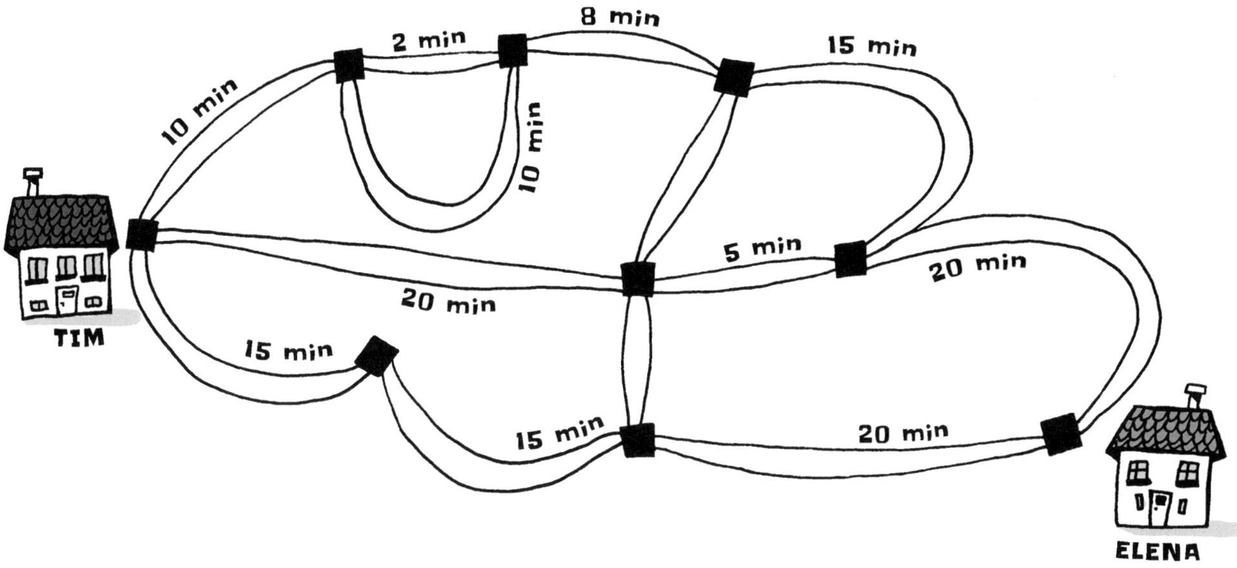

2. Paul fährt einmal in der Woche mit dem Fahrrad 15 km zum Klavierunterricht in die Stadt. Dafür benötigt er 45 min. Nach etwa 30 min kommt sein Freund Kay dazu. Wie viele Kilometer ist Paul dann bereits gefahren?
   Ergänze die Skizze und löse die Aufgabe.

3. Ali fährt täglich mit dem Bus 12 km zur Schule. Seine große Schwester muss viermal so weit mit dem Bus fahren und dann noch 2 km zu Fuß gehen, bis sie an ihrer Schule angekommen ist. Wie viele Kilometer muss seine große Schwester zurücklegen?
   Erstelle eine Skizze und löse die Aufgabe.

E. Mirwald/B. Nitsch/R. Rink • Mathematikarbeitsblätter 3/4. Klasse | Illustrationen: Dorina Tessmann

Schulgarten in der Grundschule „Am Walde“

Name: ______________________________

1. Die Klassen 3a, 3b und 3c bereiten die Beete für Gemüse und Kräuter im Schulgarten vor. Jede Klasse darf vier Beete bearbeiten. Die Länge jedes Beetes beträgt 200 cm. Die Breite der gleich großen Beete und den Abstand dazwischen können die Klassen selbst bestimmen. Aber insgesamt darf eine Breite von 600 cm nicht überschritten werden.
   Welche Klasse benötigt für ihren Ackerbereich eine Breite von 490 cm?

   a) Male nur die Beete aus.

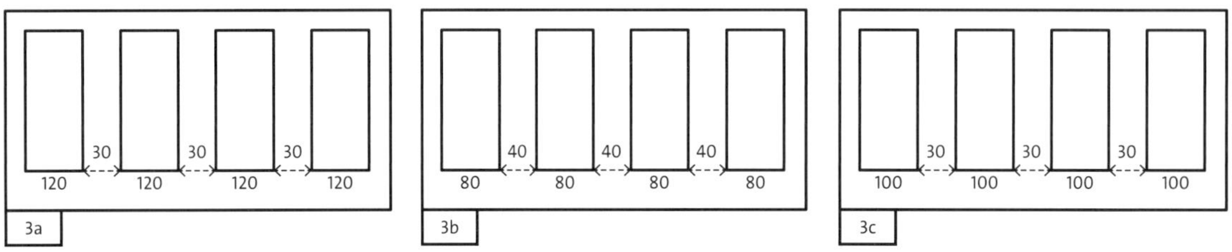

   b) Welche Skizze passt zur Frage? Kreuze diese an.

2. Auf dem Schulhof soll ein Rundbeet entstehen, das wie eine Torte aussieht. Das Beet soll in acht gleiche Stücke geteilt werden. Für jedes Stück werden 35 Blumen benötigt.
   Immer zwei Stücke haben die gleiche Farbe.

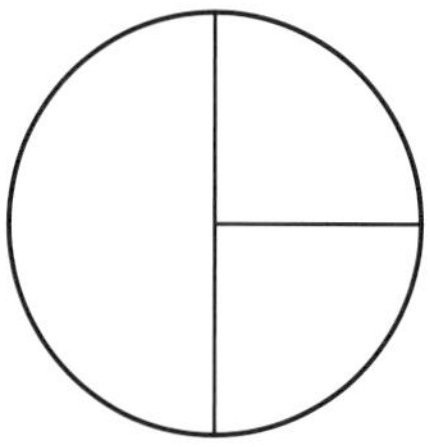

Unser Rundbeet

   a) Ergänze die Skizze. Du kannst sie auch farbig gestalten.

   b) Wie viele Blumen von einer Farbe werden benötigt?

   ____

   c) Wie viele Blumen werden insgesamt benötigt?

   ____

3. An einer Seite des Schulgartens soll ein Streifen von 450 cm Länge mit Sträuchern bepflanzt werden. Für einen Strauch werden 50 cm und für den Abstand zum nächsten Strauch 30 cm festgelegt. Wie viele Sträucher können gepflanzt werden?
   Erstelle eine Skizze und löse die Aufgabe.

E. Mirwald/B. Nitsch/R. Rink • Mathematikarbeitsblätter 3/4. Klasse | Illustrationen: Dorina Tessmann

„Big Five“ – die größten Wildtiere in Afrika

Name: ____________________

Elefant

Löwe

Nashorn

Leopard

Büffel

Hanno und Elisa sehen sich auf ihrem Tablet die fünf größten Tiere in Afrika an, die „Big Five“. Sie finden heraus, dass die männlichen Tiere immer schwerer sind als die weiblichen.

Ein **E**lefant kann 6000 kg, ein **Lö**we 190 kg, ein **N**ashorn 3000 kg, ein **Le**opard 80 kg und ein **Bü**ffel 900 kg schwer sein.

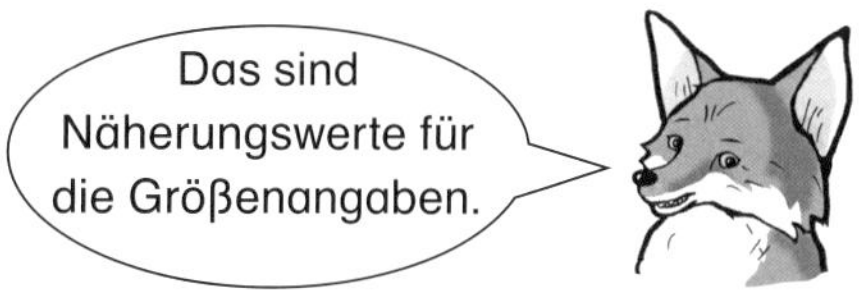

1. Wie viel schwerer ist ein Elefant als die anderen Tiere?

   Welche der drei Tabellen passt zu dieser Frage? Kreuze die passende Tabelle an und löse die Aufgabe.

○

Tier	**Elefant**	**Löwe**	**Nashorn**	**Leopard**	**Büffel**
Gewicht	6000 kg	190 kg	3000 kg	80 kg	900 kg

○

Tiere (im Vergleich)	**Unterschiede**: Gewicht
E ⇔ Lö	6000 kg – 190 kg
E ⇔ N	6000 kg – 3000 kg
E ⇔ Le	6000 kg – 80 kg
E ⇔ Bü	6000 kg – 900 kg

○

Tier	**Gewicht**
Elefant	6000 kg
Nashorn	3000 kg
Büffel	900 kg
Löwe	190 kg
Leopard	80 kg

Meine Rechnung:

2. Elisa erkundet auch die Laufgeschwindigkeiten der „Big Five“ und möchte eine Tabelle dazu erstellen.

Tier	**Elefant**	**Löwe**	**Nashorn**	**Leopard**	**Büffel**
Laufgeschwindigkeit in etwa 1 h	40 km		50 km	60 km	
Laufgeschwindigkeit in etwa 30 min		30 km			25 km

   a) Ergänze die fehlenden Angaben in der Tabelle.

   b) Erfinde zu diesen Angaben eine Frage zum Rechnen und löse sie.

E. Mirwald/B. Nitsch/R. Rink • Mathematikarbeitsblätter 3/4. Klasse | Illustrationen: Dorina Tessmann; Fotos: Elefant: Shutterstock.com/ArtMediaFactory; Löwe: Shutterstock.com/Lara Zanarini; Nashorn: Shutterstock.com/meunierd; Leoparc: stock.adobe.com/©Mark Pitt Images/Marco; Büffel: Shutterstock.com/Robin Nieuwenkamp

„Little Five" – die kleinsten Wildtiere in Afrika

Name: ______________________________

Marvin und Maria lesen die folgenden Informationen zu den fünf kleinsten Wildtieren in Afrika, die auch „Little Five" genannt werden:

Ameisenlöwe

Nashornkäfer

Leopardenschildkröte

Büffelweber

Elefantenspitzmaus

Das kleinste dieser Tiere ist der **Ameisenlöwe**. Diese Insektenlarve wird ungefähr 1,5 cm groß. Der **Nashornkäfer** hingegen kann zwischen 2,4 und 5 cm groß werden. Er hat einen harten Panzer und nur die Männchen tragen ein Horn. Die **Leopardenschildkröte** kann rund 40 cm groß werden. Der **Büffelweber** ist etwa 24 cm groß und lebt in der trockenen Savanne. Dieser Vogel ernährt sich von Samen, Früchten, Spinnen und Insekten. Die **Elefantenspitzmaus** wird 18 bis 23 cm groß und hat eine rüsselähnliche Nase, mit der sie Insekten aufsaugen kann.

1. Ergänze die Tabelle.

Tier	Körpergröße
Ameisenlöwe	1,5 cm

2. Löse die folgenden Aufgaben und schreibe die Antwortsätze.

a) Welches Tier kann ungefähr **26-mal größer** sein als der Ameisenlöwe?

____

____

b) Wie groß wäre ein Nashornkäfer, der **doppelt so groß** ist wie ein Ameisenlöwe?

____

____

3. Erfinde zu der folgenden Tabelle eine Sachaufgabe und löse sie.

Tier	Elefantenspitzmaus	Nashornkäfer	Büffelweber
Gewicht	25 bis 60 g	bis 1 000 g	etwa 65 g

Meine Sachaufgabe zur Tabelle: ______________________________

____

____

E. Mirwald/B. Nitsch/R. Rink • Mathematikarbeitsblätter 3./4. Klasse | Fotos: Ameisenlöwe: Shutterstock.com/klaus Keller nature photo; Nashornkäfer: stock.adobe.com/Michael Tieck; Schildkröte: Shutterstock.com/Alta Oosthuizen; Büffelweber: stock.adobe.com/AGAMI/Copyright AGAMI photo agency; Elefantenspitzmaus: stock.adobe.com/Udo Kieslich

Kaufladenspiel

Name: ______________________________

Die Kinder der Klasse 3b haben im Klassenraum einen Kaufladen aufgebaut. Sie kaufen fleißig ein und bezahlen mit ihrem Rechengeld.

1. Schreibe zu den Rechnungen sinnvolle Sachaufgaben und löse diese.

a) $30\text{ €} + 12\text{ €} + 45\text{ €} =$ ______

b) $8\text{ €} + (2 \cdot 15\text{ €}) =$ ______

c) $1 \cdot 20\text{ €} + 2 \cdot 25\text{ €} =$ ______

d) $50\text{ €} - 12\text{ €} - 2\text{ €} - 5\text{ €} =$ ______

e) Erfinde selbst eine Rechnung und schreibe dazu eine Sachaufgabe.

2. Erfinde selbst zu dem Bild eine Sachaufgabe und schreibe sie auf.

E. Mirwald/B. Nitsch/R. Rink • Mathematikarbeitsblätter 3/4. Klasse | Illustrationen: Dorina Tessmann

Luftballonaufgaben

Name: ______________________

1. a) Lies die Aufgaben in den Luftballons.
   b) Male die Ballons mit **lösbaren Aufgaben grün** und die Ballons mit **nicht lösbaren Aufgaben rot** aus.

2. Löse alle lösbaren Aufgaben.

3. Verändere eine nicht lösbare Aufgabe so, dass sie lösbar wird.

____

____

____

4. Erfinde eine eigene nicht lösbare Aufgabe.

____

____

____

E. Mirwald/B. Nitsch/R. Rink • Mathematikarbeitsblätter 3/4. Klasse | Illustrationen: Dorina Tessmann

Welche Flächenformen sind es?

Name: ______________________________

1. In jeder Figur verstecken sich zwei geometrische Formen. Welche sind das? Male die beiden Figuren jeweils aus und schreibe die passenden Begriffe darunter.

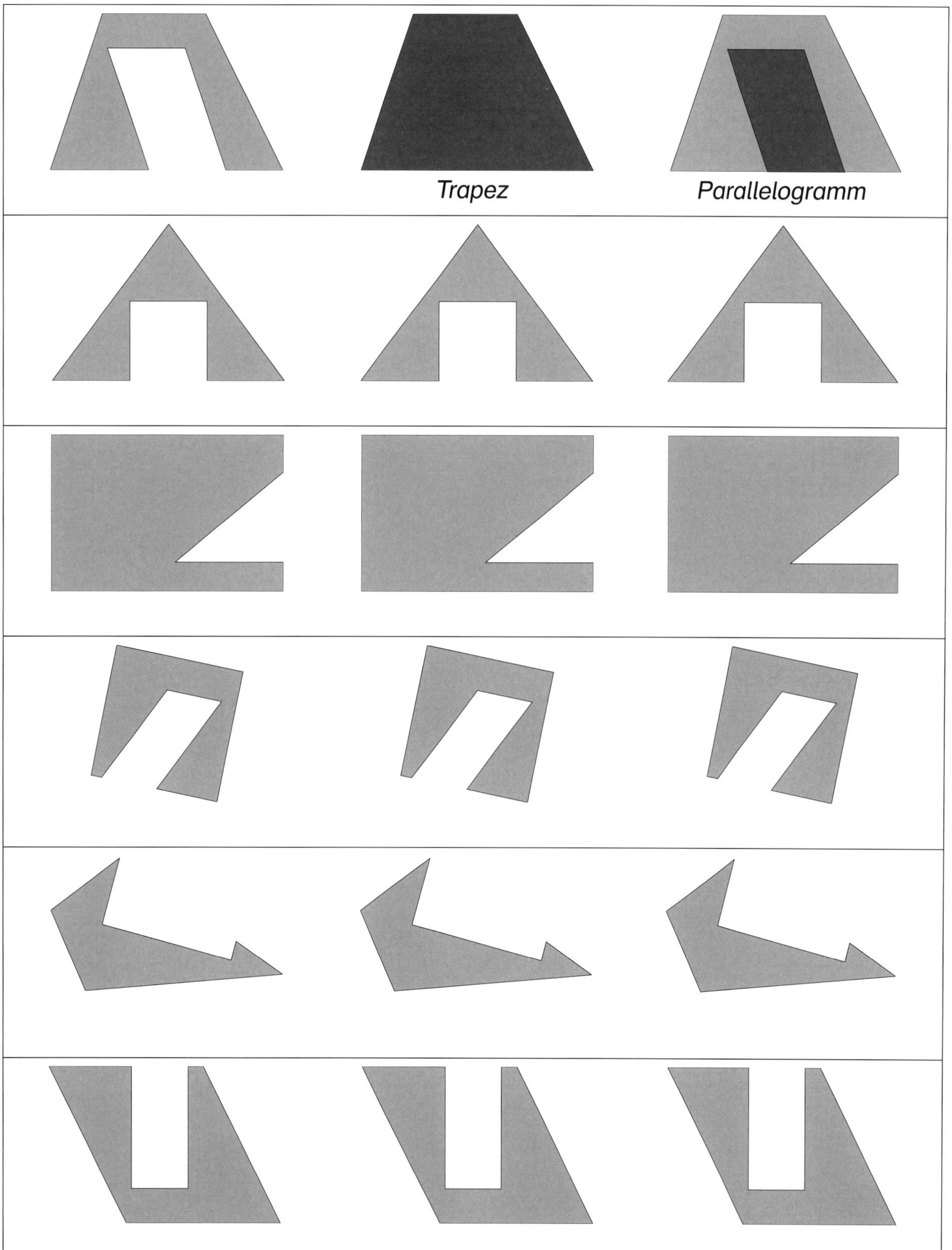

2. Denke dir ähnliche eigene Figuren aus und zeichne sie in dein Heft.

Welcher Schnipsel passt?

Name: ______________________________

Schneide die Schnipsel aus und ergänze die vorgegebene Figur. Klebe dann den passenden Schnipsel auf. Stelle dir das zunächst im Kopf vor.

Figur	Schnipsel
 Quadrat	
 Rechteck	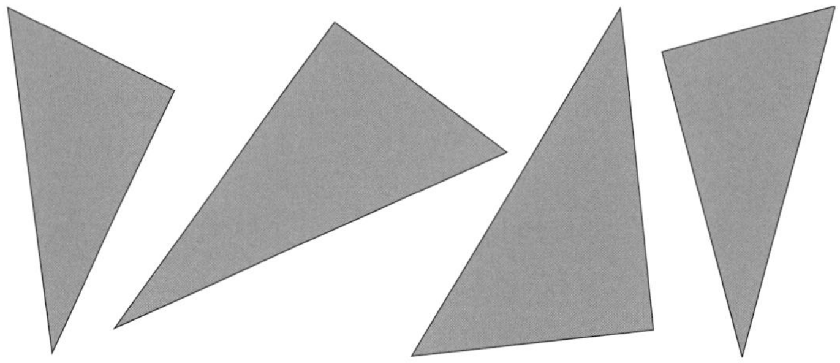
 Trapez	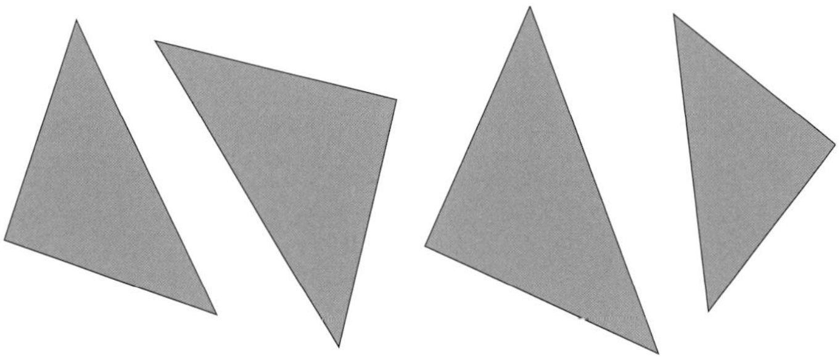
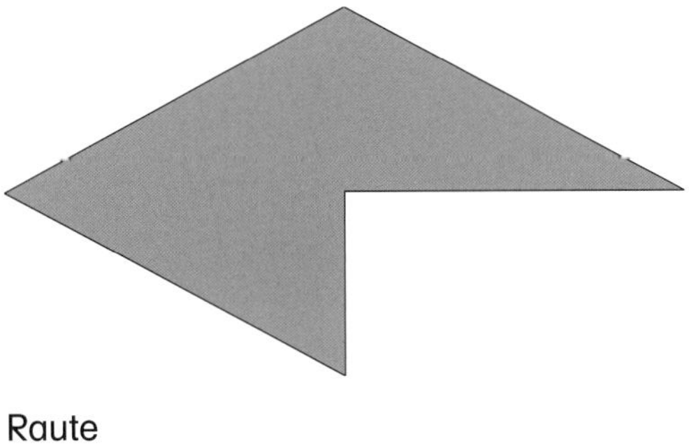 Raute	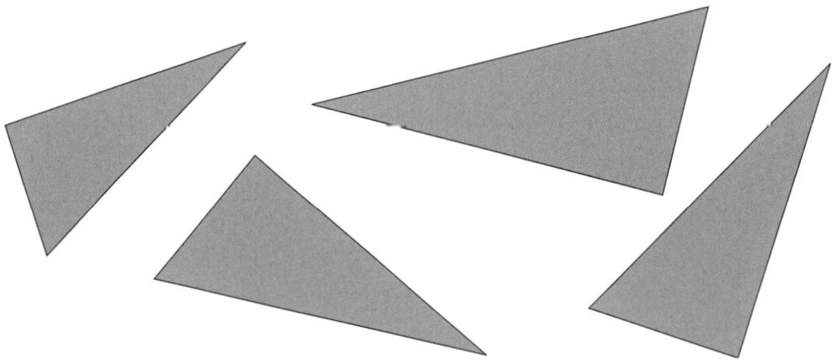
 Drachenviereck	

E. Mirwald/B. Nitsch/R. Rink • Mathematikarbeitsblätter 3./4. Klasse | Grafiken: Stefan Giertzsch

Würfel zeichnen

Name: ______________________________

So zeichnest du einen Würfel:

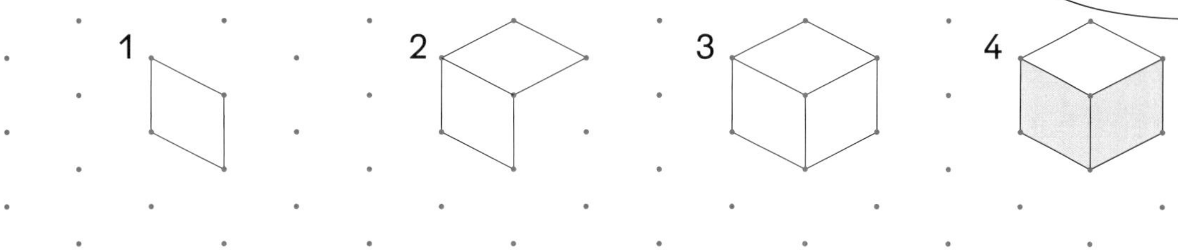

1. Zeichne Würfelgebäude. Immer zwei Würfel.

2. Zeichne Würfelgebäude. Immer drei Würfel.

3. Zeichne Würfelgebäude. Immer vier Würfel.

E. Mirwald/B. Nitsch/R. Rink • Mathematikarbeitsblätter 3./4. Klasse | Illustrationen: Dorina Tessmann

Faltschnitte

Name: ______________________________

1. Welche Figur entsteht nach dem Ausschneiden und Ausklappen? Kreuze an.

2. Überprüfe die Lösung, indem du die Faltschnitte auf Kästchenpapier herstellst.
   Falte das Kästchenpapier genau in der Mitte und male die Figur mit einem Bleistift auf.
   Erst danach schneidest du die Figur aus und klappst sie auf. Prüfe, ob du die richtige Figur angekreuzt hast.

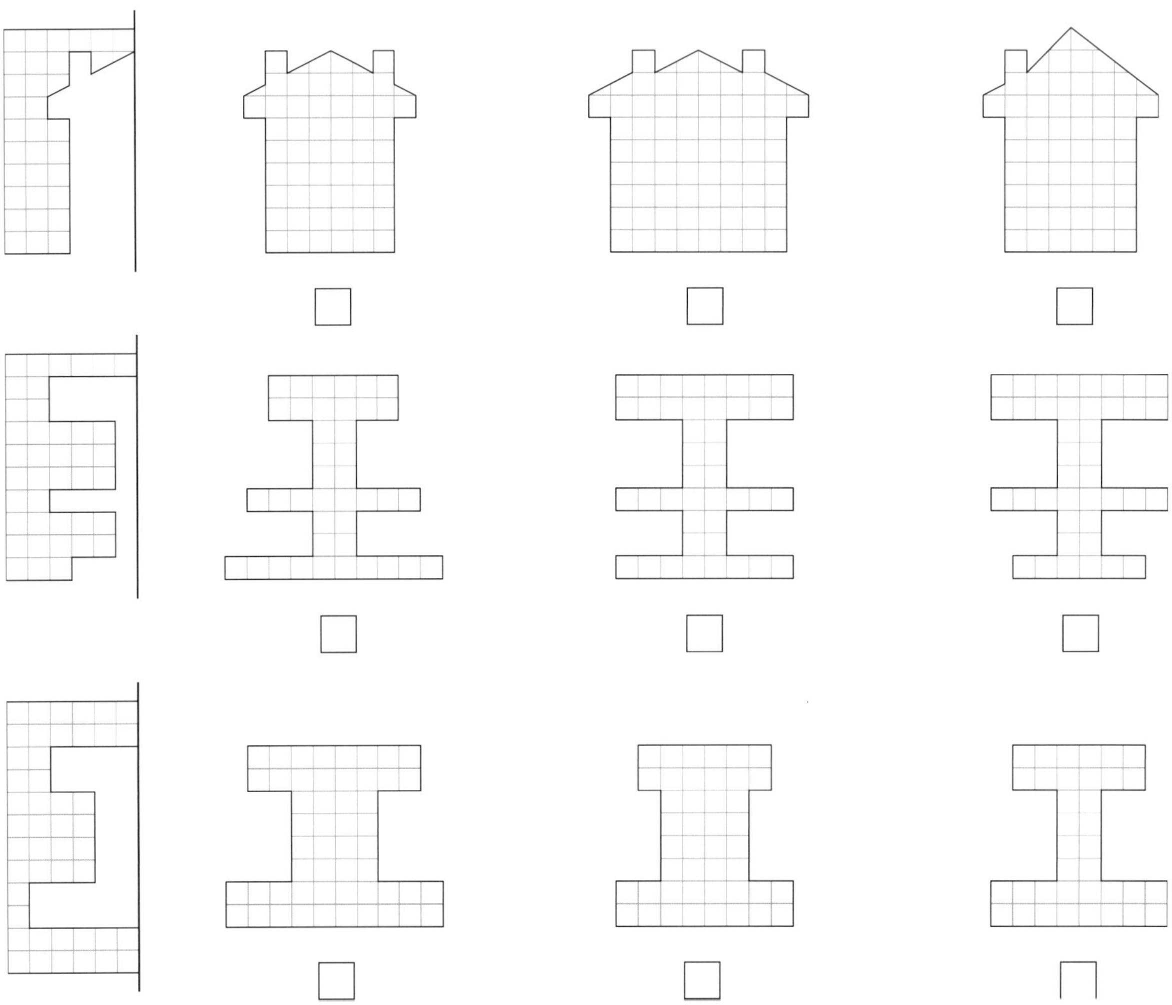

3. Welche Figur entsteht nach dem Ausschneiden und Ausklappen? Zeichne sie in dein Heft.

a)

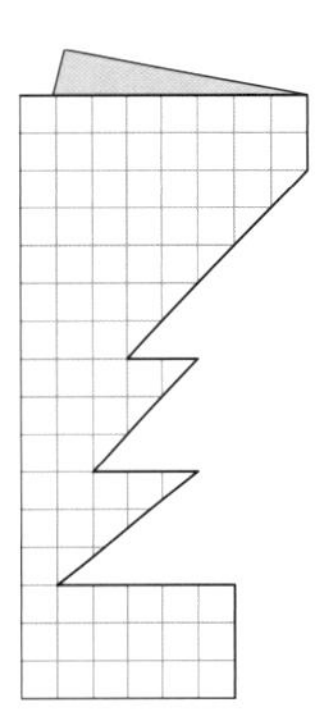

b)

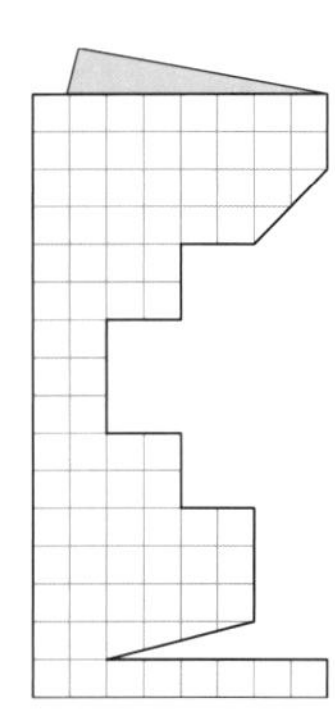

4. Erfinde eigene Figuren. Du kannst auf Kästchenpapier zeichnen und schneiden.

E. Mirwald/B. Nitsch/R. Rink • Mathematikarbeitsblätter 3./4. Klasse | Grafiken: Stefan Giertzsch

Würfelnetze

Name: ____________________________________

1. Alik hat viele verschiedene Würfelnetze gefunden. Sind alle Netze richtig? Markiere die richtigen Netze grün und die falschen Netze rot.
2. Kreuze an, ob du im Kopf (K) oder mit Material (M) überprüft hast.

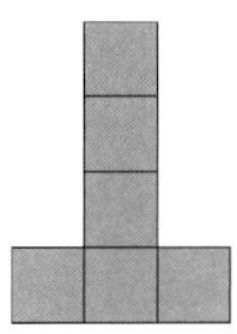

☐ K
☐ M

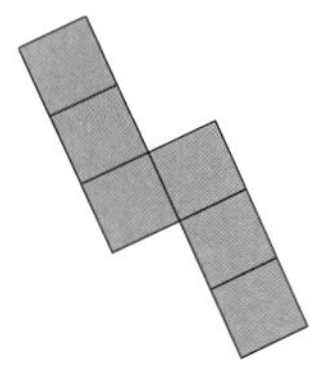

☐ K
☐ M

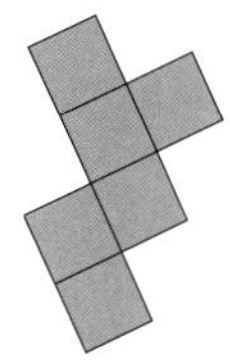

☐ K
☐ M

☐ K
☐ M

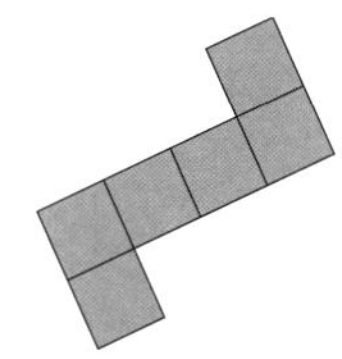

☐ K
☐ M

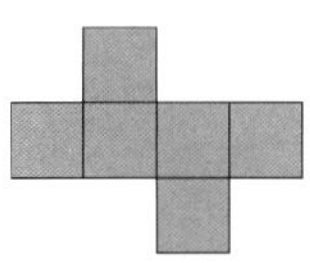

☐ K
☐ M

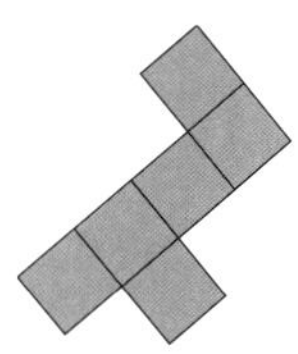

☐ K
☐ M

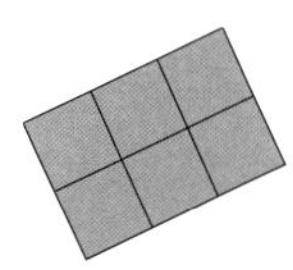

☐ K
☐ M

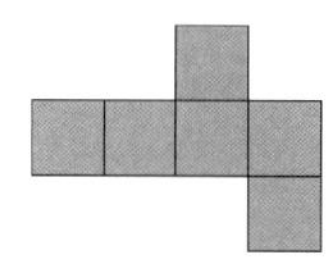

☐ K
☐ M

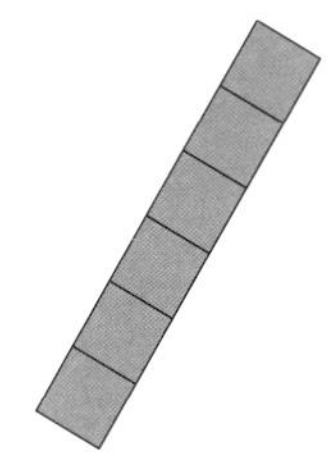

☐ K
☐ M

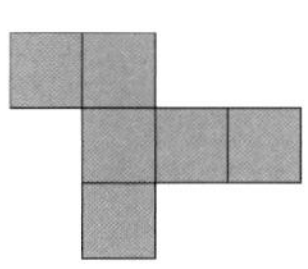

☐ K
☐ M

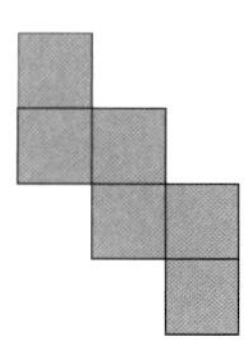

☐ K
☐ M

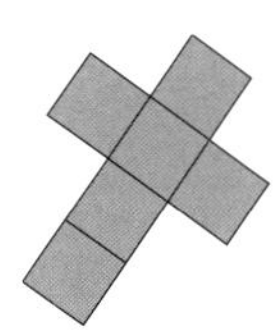

☐ K
☐ M

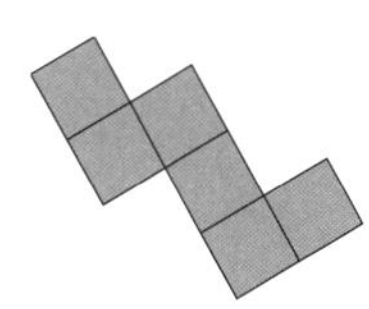

☐ K
☐ M

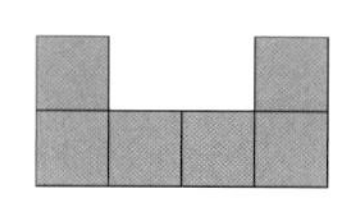

☐ K
☐ M

3. Findest du noch weitere richtige Würfelnetze? Zeichne sie auf:

E. Mirwald/B. Nitsch/R. Rink • Mathematikarbeitsblätter 3/4. Klasse | Grafiken: Stefan Giertzsch

Aliens kombinieren

Name: ______________________________

1. Male die Aliens auf den Karten unten aus und stelle dir Legekarten für **K**öpfe, **A**rme, **B**äuche und **F**üße her.

2. Lege verschiedene Aliens. Wie viele unterschiedliche Aliens findest du? Schreibe die Möglichkeiten so auf:

Alien 1				
Alien 2	**K 1**		**B 1**	**F 2**

3. Wie viele verschiedene Kombinationen kannst du legen, wenn deine Aliens auch noch unterschiedliche Raumschiffe dabeihaben, die über ihren Köpfen schweben?

Beispiele:

R 1, **K** 1, **A** 1, **B** 1, **F** 1

R 1, **K** 1, **A** 1, **B** 1, **F** 2 …

Weitere Kombinationen:

____

____

____

Schneide die Legekarten erst an den Außenlinien aus und dann an den gestrichelten Linien durch.

E. Mirwald/B. Nitsch/R. Rink • Mathematikarbeitsblätter 3/4. Klasse | Illustrationen: Dorina Tessmann

Geburtstagsfotos mit Freunden

Name: ______________________________

1. Du möchtest mit deinen besten Freunden ein Erinnerungsfoto von deinem Geburtstag machen. Jeder soll mal an jeder Stelle auf dem Foto zu sehen sein. Hinterher möchtest du das schönste Foto auswählen. Male dich und deine beiden Freunde.

Ich   Freund 1   Freund 2

2. Wie könntet ihr euch für das Foto nebeneinander aufstellen? Male die unterschiedlichen Möglichkeiten auf.

Hinweis: Schneide aus und lege. Male die Kombination auf, wenn du eine gefunden hast.

E. Mirwald/B. Nitsch/R. Rink • Mathematikarbeitsblätter 3./4. Klasse | Illustrationen: Dorina Tessmann

Geschenke verteilen

Name: ______________________________

1. Vier Kinder beschenken sich. Jedes Kind hat für jedes andere Kind ein Geschenk mitgebracht. Wie viele Geschenke werden verteilt?

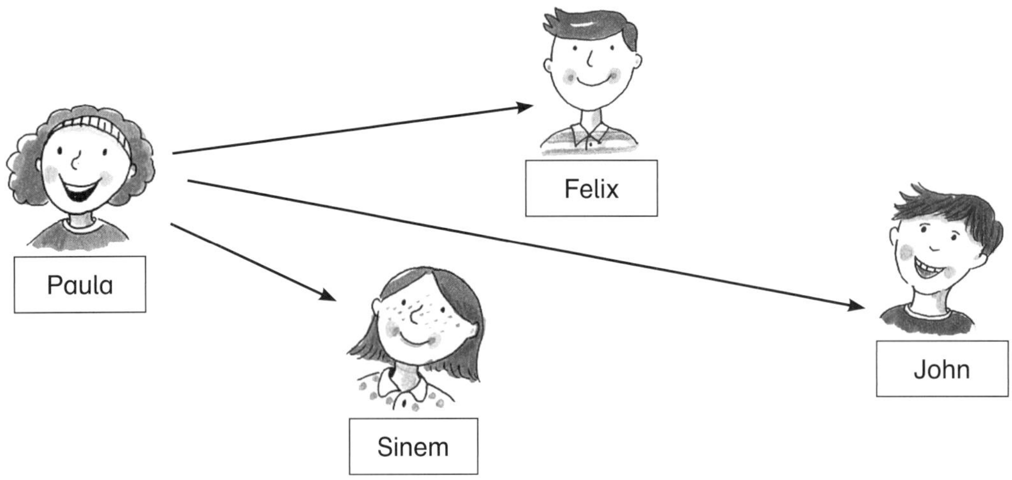

Paula beschenkt	*Sinem*	*John*	*Felix*
Sinem beschenkt			
Felix beschenkt			
John beschenkt			

2. Wie wäre es bei fünf Kindern? Ergänze die Skizze.

3. Findest du heraus, wie viele Geschenke es bei 10 Kindern wären? Findest du eine Regel?

Kinder	2	3	4	5			10
Geschenke							

Hier ist Platz für deine Rechnung.

E. Mirwald/B. Nitsch/R. Rink • Mathematikarbeitsblätter 3./4. Klasse | Illustrationen: Kristina Klotz

Aussagen zu Wahrscheinlichkeiten prüfen

Name: ______________________________

Es gibt Mathewörter die das Eintreten von Ereignissen beschreiben.

unmöglich	**möglich**	**wahrscheinlich**	**sicher**
kommt gar nicht vor	kommt weniger häufig vor	kommt häufiger vor	kommt immer vor

1. Welche Aussagen passen? Schreibe die Nummer des Glücksrades dahinter.
   Achtung! Einige Aussagen passen zu keinem der Bilder.

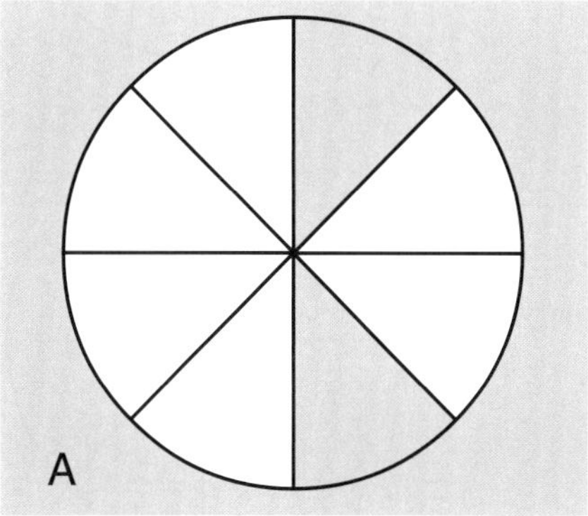

A

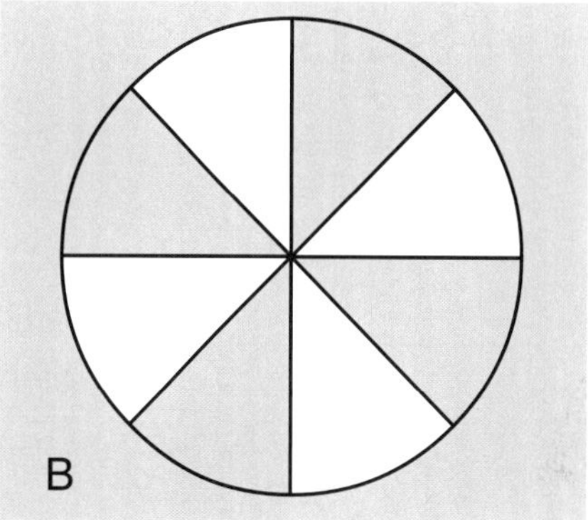

B

Das Glücksrad hat mehr graue Felder als weiße.	
Die Gewinnchancen für Grau und Weiß sind gleich groß.	
Das Glücksrad hat gleich viele graue wie weiße Felder.	
Die Gewinnchancen für Grau sind größer als für Weiß.	
Es ist sicher, dass Weiß gewinnt.	
Es ist wahrscheinlich, dass Weiß gewinnt.	
Es ist gleich wahrscheinlich, dass Grau oder Weiß gewinnt.	
Das Glücksrad hat mehr weiße Felder als schwarze.	
Es ist möglich, dass Grau gewinnt.	
Es ist wahrscheinlicher, dass Weiß gewinnt als Grau.	

2. Denke dir drei richtige Aussagen zu diesem Glücksrad aus:

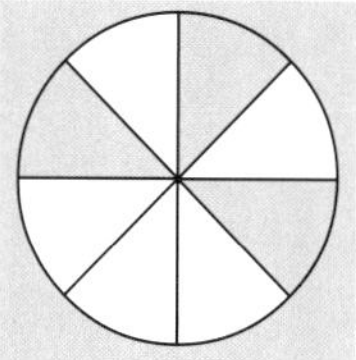

____

____

____

____

____

____

____

E. Mirwald/B. Nitsch/R. Rink • Mathematikarbeitsblätter 3/4. Klasse | Illustrationen: Dorina Tessmann

Glücksräder passend färben

Name: ______________________

1. Färbe das Glücksrad so ein, dass die Aussagen stimmen.
   Findest du pro Aussage zwei Lösungen?

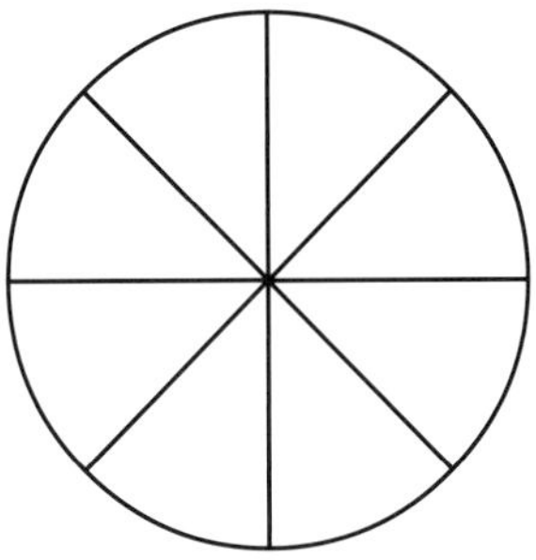

Blau hat die größte Chance zu gewinnen.

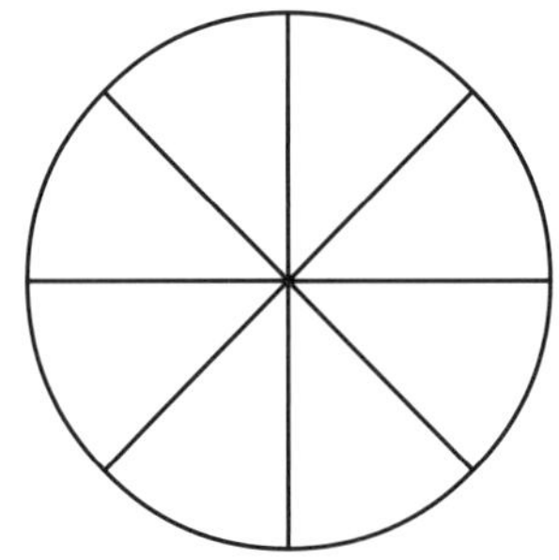

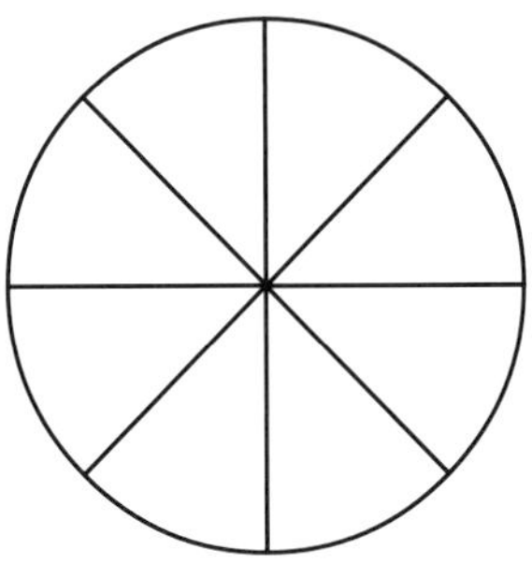

Die Chancen für Gelb und Grün sind gleich groß.

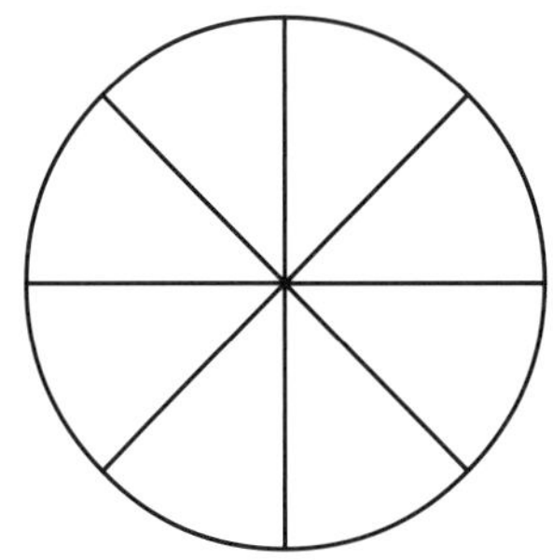

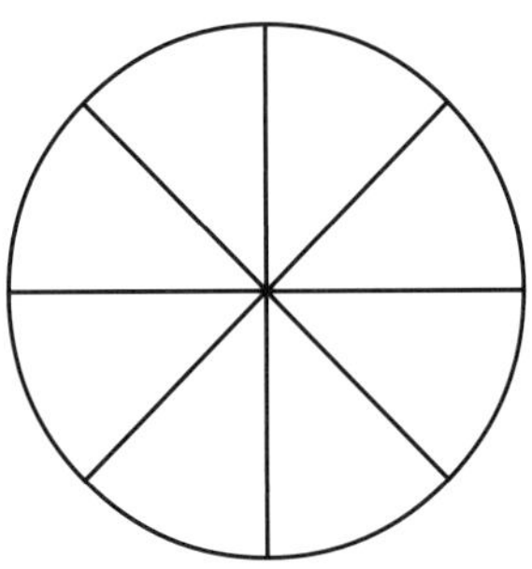

Es ist unmöglich, dass Rot gewinnt.

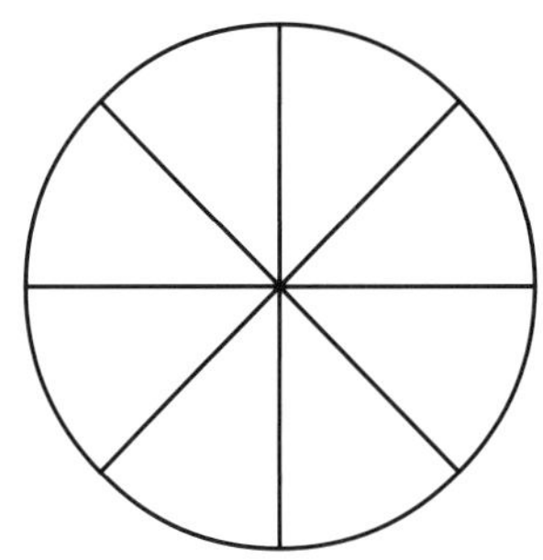

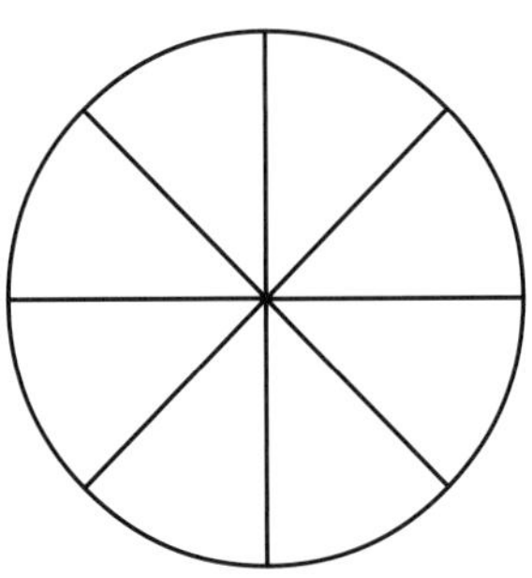

Dass Lila gewinnt, ist weniger wahrscheinlich, aber nicht unmöglich.

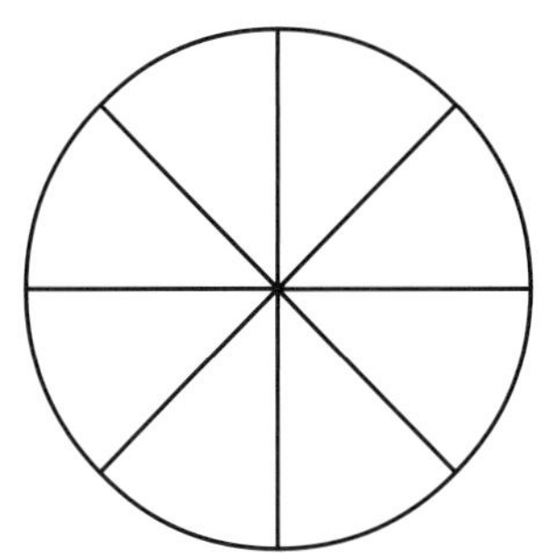

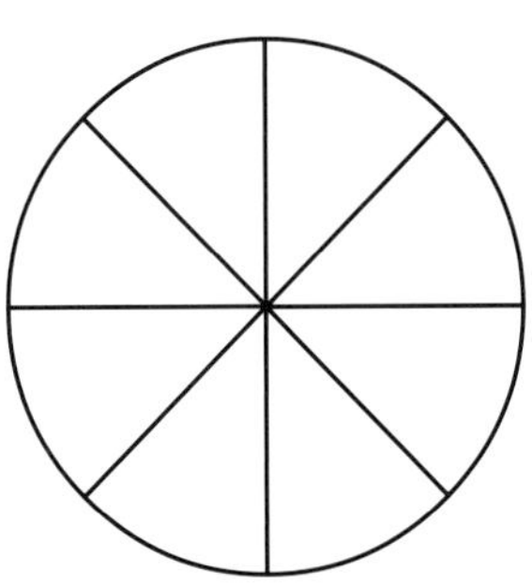

Dass Orange gewinnt, ist wahrscheinlich, aber nicht sicher.

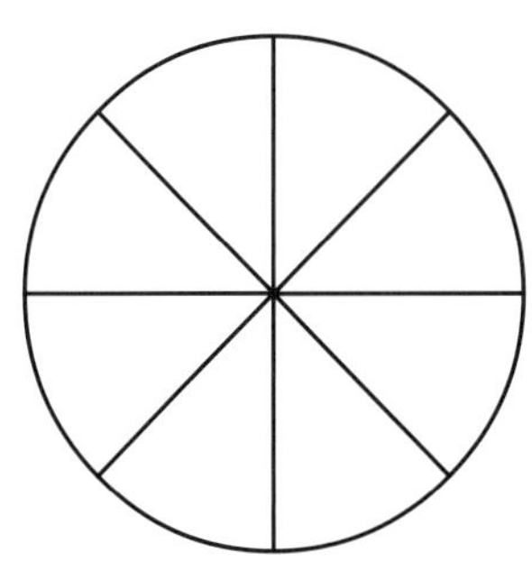

E. Mirwald/B. Nitsch/R. Rink • Mathematikarbeitsblätter 3/4. Klasse

Vermutungen über die Häufigkeiten von Buchstaben

Name: ______________________________

1. Schaue dir den folgenden Fabeltext an.

Der Löwe und die Maus (Fabel nach Äsop)

Eine kleine Maus war auf der Suche nach Nahrung. Sie war so beschäftigt, dass sie den großen Löwen nicht bemerkte, der unter einem Baum schlief. Als die Maus über ihn lief, wurde der Löwe wach. Da er sehr ärgerlich war, weil die Maus ihn geweckt hatte, fing er sie mit seinen großen Pranken ein, um sie zu erdrücken.
Da flehte die Maus: „Bitte verzeihe mir, dass ich dich aufgeweckt habe. Ich wollte dich nicht stören. Ich hatte so großen Hunger, dass ich nicht auf dich geachtet habe. Wenn du mich am Leben lässt, werde ich dir auf ewig dankbar sein!“ Der Löwe dachte bei sich: „Wie will mir ein so kleines Tier seinen Dank bezeugen können?“ Aber er ließ die Maus aus Mitleid laufen.
Kurze Zeit später hörte die Maus ein lautes Gebrüll. Sie lief schnell dorthin. Der Löwe saß in einem Loch und hatte sich in einem Netz verfangen. Er versuchte, sich zu befreien, aber es gelang ihm nicht. Da zerbiss die Maus schnell einige Knoten des Netzes mit ihren spitzen Zähnen, sodass der Löwe das übrige Netz mit seinen Pranken zerreißen konnte. Schnell war er wieder frei. So dankte die Maus dem Löwen für seine Großmut und der mächtige Löwe dankte dem Mäuschen für seine Rettung.

2. Schneide die Buchstabenkärtchen aus. Welche Buchstaben kommen in dem Text häufig vor und welche selten? Vermute!

   Ordne die Buchstaben in die Tabelle ein.

sehr häufig	eher häufig	selten	gar nicht

A	B	C	D	E	F	G
H	I	J	K	L	M	N
O	P	Q	R	S	T	U
V	W	X	Y	Z		

Buchstabenhäufigkeit – Daten erheben und darstellen 1

Name: ______________________________

1. Untersuche im Text „Der Löwe und die Maus“, die Häufigkeit der einzelnen Buchstaben. Trage die Ergebnisse in die folgende Tabelle ein.

Buchstabe	Anzahl
A	
B	
C	
D	
E	
F	
G	
H	
I	
J	
K	
L	
M	

Buchstabe	Anzahl
N	
O	
P	
Q	
R	
S	
T	
U	
V	
W	
X	
Y	
Z	

2. Werte die Ergebnisse aus deiner Tabelle aus:

a) Welche vier Buchstaben kommen am häufigsten vor?

b) Welche vier Buchstaben kommen selten oder gar nicht vor?

3. Vergleiche deine Vermutungen mit dem Ergebnis der Zählung. Wo lagst du mit deiner Vermutung richtig, wo lagst du falsch? Schreibe es auf.

____

____

____

____

____

____

Buchstabenhäufigkeit – Daten erheben und darstellen 2

Name: ______________________________

4. Erstelle mit deinen erhobenen Daten der Buchstabenanzahlen ein Säulendiagramm. Übertrage deine Zahlen in das Diagramm.

Buchstabenhäufigkeit – eine Statistik

Name: ______________________________

Der Mathematiker A. Beutelspacher hat viele Texte ausgewertet und eine Tabelle erstellt, wie oft die Buchstaben von je 1 000 auftreten:

Buchstabe	Anzahl
A	65
B	19
C	31
D	51
E	174
F	17
G	30
H	48
I	76
J	3
K	12
L	34
M	25

Buchstabe	Anzahl
N	98
O	25
P	8
Q	< 1
R	70
S	73
T	62
U	44
V	7
W	19
X	< 1
Y	< 1
Z	11

(Ä = AE, Ö = OE, Ü = UE, ß = SS)

1. Schaue die dir die Tabelle oben an und werte sie aus:

   a) Welche vier Buchstaben kommen am häufigsten vor?

   b) Welche vier Buchstaben kommen selten oder gar nicht vor?

2. Vergleiche die Buchstabenzahlen aus dem Fabeltext mit den Zahlen von A. Beutelspacher. Stimmen die Ergebnisse überein oder weichen sie voneinander ab? Schreibe auf, was dir auffällt.

(Nach: Beutelspacher, A.: Kryptologie: eine Einführung in die Wissenschaft vom Verschlüsseln, Verbergen und Verheimlichen. Wiesbaden 2005, 7. Aufl. – Die Angaben sind dort auf 10 000 Buchstaben bezogen. Beim Umrechnen auf 1 000 Buchstaben entstehen Rundungsfehler, sodass die Summe der einzelnen Buchstaben hier nicht 1 000 ergibt.)